校企合作装备制造类专业精品教材

PLC 应用技术

主编　王啸东　顾建凯　耿　言

U0208465

教·学
资　源

航空工业出版社

北　京

内 容 提 要

本书共有 6 个部分，包括绪论、PLC 基本指令的应用、PLC 定时器和计数器的应用、PLC 功能指令的应用、PLC 顺序控制设计法的应用、PLC 控制系统设计及网络通信等内容。

本书突出了应用性，注重培养学生的综合技能，可作为各类院校自动化类、机电设备类、机械设计制造类等相关专业的教材，也可作为工程技术人员的参考用书。

图书在版编目（CIP）数据

PLC 应用技术 / 王啸东，顾建凯，耿言主编. -- 北京 ： 航空工业出版社，2024.8
ISBN 978-7-5165-3752-7

Ⅰ. ①P⋯ Ⅱ. ①王⋯ ②顾⋯ ③耿⋯ Ⅲ. ①PLC 技术 Ⅳ. ①TM571.61

中国国家版本馆 CIP 数据核字(2024)第 108417 号

PLC 应用技术

PLC Yingyong Jishu

航空工业出版社出版发行
（北京市朝阳区京顺路 5 号曙光大厦 C 座四层　100028）
发行部电话：010-85672666　　010-85672683

北京谊兴印刷有限公司印刷　　　　　全国各地新华书店经售
2024 年 8 月第 1 版　　　　　　　　2024 年 8 月第 1 次印刷
开本：787×1092　1/16　　　　　　　字数：318 千字
印张：13.75　　　　　　　　　　　　定价：49.80 元

前言 PREFACE

随着科学技术的发展，在工业生产中，自动化甚至智能化已成为主要的发展趋势。当前，PLC 因其结构简单、性能优越、可靠性高、灵活通用、易于编程等一系列优点，已成为工业生产的核心设备，被广泛应用到机械制造、冶金、电子、化工、交通、纺织、印刷、食品、建筑等诸多领域。三菱 FX$_{3U}$ 系列 PLC 具有体积小、编程简单等优点，在中小规模控制领域得到了广泛应用。本书主要介绍三菱 FX$_{3U}$ 系列 PLC 的应用技术。

此外，随着工业生产自动化进程的快速发展，行业内迫切需求综合掌握电气智能控制技术，尤其是 PLC 应用技术的应用型人才。因此，在满足新时代教育教学改革对教材需求的基础上，编者根据市场发展现状和行业实际情况，结合教学实际，精心编写了本书。

本书主要具有以下特色。

①素质教育，立德树人

本书积极贯彻党的二十大精神，坚持为党育人、为国育才的教育初心，落实立德树人的根本任务。本书将知识传授、能力培养、道德观念教育有机结合，在每个项目的开头明确了"素质目标"，并在每个项目中设置了"砥节砺行"模块，将素质教育融入知识教育，帮助学生树立正确的世界观、人生观、价值观，培养学生爱党爱国、守正创新、甘于奉献的职业精神。

②校企合作，工学结合

编者在编写本书的过程中，获得了多位 PLC 应用技术方面的专家和一线工作人员的大力支持，充分考虑了 PLC 应用技术相关岗位的实际需求，按照"工学结合、任务引导、教学做一体"的思路组织内容，注重培养学生的逻辑思维能力和 PLC 编程能力。学生在学完本书后，可具备较强的 PLC 应用技术实践技能。

③活页理念，全新形态

为落实教育主管部门相关文件精神，满足新时代教育教学改革要求，本书采用"活页式理念"进行编写，坚持以应用为主线，在传授理论知识的同时，着力培养学生的专业技能，旨在培养既懂理论又擅实践的高素质人才。

④ **标准对接，课证融通**

本书相关内容对接最新的国家标准和行业标准，从而保证了知识点的规范性和时效性。为满足"1+X"证书制度的需求，本书在编写时参考了国家相关职业技能鉴定标准和规范，旨在实现课程内容与职业技能要求的融通。

⑤ **任务驱动，理实一体**

为满足各类院校多元化教学需求，本书采用项目任务式体例编写。全书分成若干个项目，每个项目分成若干个任务，每个任务按照"任务引入"→"任务工单"→"相关知识"→"任务分析"→"任务实施"→"拓展进阶"的结构安排内容。

❖ **任务引入**：对本任务案例的背景进行描述，以激发学生的学习兴趣。

❖ **任务工单**：梳理本任务将要学习的知识，引导学生分组制订工作计划、完成工作任务，帮助学生培养自主学习的意识和能力。任务工单以二维码的形式插入到每个任务中，学生扫描二维码即可观看。

❖ **相关知识**：结合教学改革和课程改革的需要，本着"管用、适用、够用"的原则精讲编程指令、程序设计方法等，语言简练，通俗易懂，便于学生理解本任务所学知识。

❖ **任务分析**：分析本任务案例的工作过程，便于学生进行任务实施。

❖ **任务实施**：与任务引入相呼应，利用本任务所学的编程指令或程序设计方法，对本任务案例进行 PLC 编程，实现其控制要求。

❖ **拓展进阶**：设置与本任务相关的案例，学生在完成任务实施的基础上，自主完成拓展任务，以巩固本任务所学技能。

此外，本书在每个项目的最后设置了"项目考核"和"项目评价"。前者让学生通过做题，巩固所学知识；后者从知识、技能、素质三个方面对学生的学习成果进行评价，并通过"教师评价"和"自我评价"帮助学生了解自己对本项目的掌握情况。

⑥ **图文并茂，模块丰富**

本书为便于学生进行知识理解，配有原理图；为便于学生进行 PLC 编程，配有程序图；为便于学生进行实践操作，配有操作图。本书图文并茂，具有很强的可读性。书中还设有"经验传承""知识链接""举一反三""各抒己见"等小模块，以拓宽学生视野，锻炼学生思维，强化课堂互动。此外，本书在关键节点处设置了"笔记"，引导学生在学习过程中记录相关经验和感想。

⑦ **平台支撑，资源丰富**

本书配有丰富的数字资源，读者可以借助手机或其他移动设备扫描二维码观看操作视频，也可以登录文旌综合教育平台"文旌课堂"查看和下载本书配套资源，如任务工单、

项目考核答案、课件和教案等。读者在学习过程中有任何疑问，都可以登录该平台寻求帮助。

此外，本书还提供了在线题库，支持"教学作业，一键发布"，教师只需要通过微信或"文旌课堂"App扫描扉页二维码，即可迅速选题、一键发布、智能批改，并查看学生的作业分析报告，提高教学效率、提升教学体验。学生可在线完成作业，巩固所学知识，提高学习效率。

本书由王啸东、顾建凯、耿言担任主编，刘涵茜、宋浩、吴涛、尤涛、孙卫兵、刘宇芳、陈壁担任副主编。王啸东负责全书内容的组织和统稿，绪论由南京地铁运营有限责任公司吴涛编写，项目一由苏州工业园区职业技术学院刘涵茜编写，项目二由南京铁道职业技术学院宋浩编写，项目三由南京科技职业学院耿言编写，项目四由南京铁道职业技术学院顾建凯编写，项目五由南京铁道职业技术学院王啸东编写，南京铁道职业技术学院尤涛、孙卫兵、刘宇芳和上海闵行职业技术学院陈壁为本书的编写工作提供了资料和技术支持。感谢南京地铁运营有限责任公司对本书编写提供的大力支持与帮助。由于编者水平有限，书中难免存在疏漏或不当之处，敬请广大读者批评指正。

特别说明：

（1）本书在编写过程中，参考了大量的资料并引用了部分文章和图片等。这些引用的资料大部分已获授权，但由于部分资料来自网络，我们未能确认出处，也暂时无法联系到原作者。对此，我们深表歉意，并欢迎原作者随时与我们联系，我们将按规定支付酬劳。

（2）本书没有注明资料来源的案例均为编者根据真实事件自编。

Q | 本书配套资源下载网址和联系方式

🌐 网址：https://www.wenjingketang.com

📞 电话：400-117-9835

✉ 邮箱：book@wenjingketang.com

目录
CONTENTS

绪 论 ··· 1

一、PLC 概述 ·· 1

二、三菱 FX$_{3U}$ 系列 PLC ·· 7

三、三菱 GX Works2 软件的安装与使用 ·· 13

项目一　PLC 基本指令的应用 ·· 19

任务一　两台电动机顺序控制 ·· 20

任务引入 ··· 20

任务工单 ··· 20

一、PLC 编程语言 ··· 20

二、梯形图的结构及编程规则 ·· 22

三、PLC 编程的基本操作 ··· 24

四、PLC 基本指令 ··· 29

任务分析 ··· 36

任务实施——两台电动机顺序控制程序设计 ··· 37

拓展进阶 ··· 39

任务二　水塔水位控制 ·· 43

任务引入 ··· 43

任务工单 ··· 43

一、PLC 程序的经验设计法 ··· 44

二、电容式液位传感器 ·· 44

任务分析 ·· 45

任务实施——水塔水位控制程序设计 ··············· 45

拓展进阶 ·· 48

任务三　电动机正反转控制 ······························· 49

任务引入 ·· 49

任务工单 ·· 49

一、输入继电器 ··· 50

二、输出继电器 ··· 50

三、辅助继电器 ··· 50

四、状态继电器 ··· 53

五、数据寄存器 ··· 53

六、PLC 的自锁和互锁控制 ································· 55

任务分析 ·· 56

任务实施——电动机正反转控制程序设计 ············ 57

拓展进阶 ·· 60

项目考核 ··· 63

项目评价 ··· 65

项目二　**PLC 定时器和计数器的应用** ·············· 66

任务一　4 级传送带控制 ································· 67

任务引入 ·· 67

任务工单 ·· 67

一、通用型定时器 ··· 68

二、积算型定时器 ··· 71

任务分析 ·· 74

任务实施——4 级传送带控制程序设计 ·············· 74

拓展进阶 ·· 77

任务二　三色警示灯控制 ································· 78

任务引入 ·· 78

任务工单 ·· 79

一、16 位加计数器 ··· 79

二、32 位加/减计数器 ····································· 81

任务分析 ·· 83

任务实施——三色警示灯控制程序设计 ················· 83

拓展进阶 ··· 86

项目考核 ··· 88

项目评价 ··· 89

项目三 PLC 功能指令的应用 ································ 90

任务一　七段数码管 9 s 倒计时控制 ················· 91

任务引入 ··· 91

任务工单 ··· 91

一、功能指令的格式 ····································· 91

二、位组合元件 ··· 92

三、比较指令 ··· 93

四、区间复位指令 ······································· 97

五、传送指令 ··· 97

六、七段数码管及七段译码指令 ························· 99

任务分析 ··· 102

任务实施——七段数码管 9 s 倒计时控制程序设计 ········· 102

拓展进阶 ··· 107

任务二　算式运算控制 ································· 109

任务引入 ··· 109

任务工单 ··· 109

一、跳转指令 ··· 109

二、四则运算指令 ······································· 111

三、加 1 和减 1 指令 ····································· 114

四、循环起点和结束指令 ································· 115

五、子程序调用返回指令 ································· 116

六、循环和移位指令 ····································· 118

任务分析 ··· 121

任务实施——算式运算控制程序设计 ····················· 121

拓展进阶 ··· 124

项目考核 ··· 127

项目评价 ··· 129

项目四 PLC 顺序控制设计法的应用 …………………………… 130

任务一　两种液体混合控制 …………………………………… 131

任务引入 …………………………………………………………… 131

任务工单 …………………………………………………………… 131

一、PLC 程序的顺序控制设计法 …………………………………… 132

二、顺序功能图 …………………………………………………… 132

三、将顺序功能图转换为梯形图的方法 …………………………… 135

任务分析 …………………………………………………………… 143

任务实施——两种液体混合控制程序设计 ………………………… 143

拓展进阶 …………………………………………………………… 148

任务二　运料车自动往返控制 ………………………………… 151

任务引入 …………………………………………………………… 151

任务工单 …………………………………………………………… 152

一、步进指令 ……………………………………………………… 152

二、使用步进指令将顺序功能图转换为梯形图的方法 …………… 152

任务分析 …………………………………………………………… 154

任务实施——运料车自动往返控制程序设计 ……………………… 155

拓展进阶 …………………………………………………………… 159

项目考核 ………………………………………………………… 165

项目评价 ………………………………………………………… 167

项目五 PLC 控制系统设计及网络通信 …………………………… 168

任务一　YL-335B 型自动生产线控制 ………………………… 169

任务引入 …………………………………………………………… 169

任务工单 …………………………………………………………… 170

一、PLC 控制系统的控制要求分析 ………………………………… 170

二、PLC 控制系统的硬件设计 …………………………………… 170

三、PLC 控制系统的软件设计 …………………………………… 173

四、PLC 控制系统的调试 ………………………………………… 174

任务分析 …………………………………………………………… 175

任务实施——YL-335B 型自动生产线控制要求分析 ················ 175

拓展进阶 ·· 181

任务二　YL-335B 型自动生产线联网控制 ······················ 182

任务引入 ·· 182

任务工单 ·· 182

一、三菱 FX 系列 PLC 的通信类型 ································· 182

二、N∶N 网络通信的结构 ·· 184

三、N∶N 网络参数设置 ·· 185

四、N∶N 网络连接 ·· 188

任务分析 ·· 189

任务实施——YL-335B 型自动生产线联网控制程序设计 ········ 190

拓展进阶 ·· 193

项目考核 ·· 196

项目评价 ·· 198

附录　PLC 功能指令一览表 ································· 199

参考文献 ·· 206

绪　论

一、PLC 概述

可编程控制器、机器人、计算机辅助设计与制造是工业自动化生产的三大支柱。可编程控制器（programmable controller, PC）又称可编程逻辑控制器（programmable logic controller, PLC），但为避免与计算机的简称 PC 混淆，通常将可编程控制器简称为 PLC。

（一）PLC 的发展历程

20 世纪 60 年代中期，美国的通用汽车（general motors, GM）公司为适应汽车生产线（见图 0-1）生产流程不断变化的控制要求，提出了一种设想——把计算机的功能完善、通用、灵活等优点和继电-接触器控制装置的简单易懂、操作方便、价格低廉等优点结合起来，研制一种新型控制装置。

图 0-1　汽车生产线

1969 年，美国的数字设备公司（digital equipment corporation, DEC）研制出了这种新型控制装置，即世界上第一台 PLC。PLC 应用在 GM 公司并获得成功后，迅速在世界各国得到广泛应用。

20 世纪 60 年代末至 70 年代中期是 PLC 发展的初期，这时的 PLC 一般用来替代继电-接触器控制装置，其主要功能与继电-接触器控制装置相同，包括顺序控制、定时控制等。这时 PLC 的硬件主要是计算机，只是在原有的 I/O（输入/输出）接口电路上做了改进，以适应工业控制现场的需求。在 PLC 的计算机中，元器件主要包括分立元器件和中小规模集成电路，存储器采用磁心存储器，并且采取了一些措施来提高其抗干扰的能力。PLC 的编程语言采用电气工程技术人员所熟悉的继电-接触器控制装置编程语言——梯形图，它具有简单易学、便于安装、体积小、能耗低、有故障指示、能重复使用等优点。

20 世纪 70 年代中期至 80 年代中后期，微处理器的出现使 PLC 发生了巨大的变化。美国、日本、德国等国家的一些厂家先后开始采用微处理器作为 PLC 的中央处理器（central processing unit, CPU），使 PLC 的功能大大增强。

在硬件方面，除了保留 PLC 原有的开关量模块，还增加了模拟量模块、I/O 模块、各种特殊功能模块，扩大了存储器的容量，增加了逻辑线圈和数据寄存器的数量，进而扩大了 PLC 的应用范围。在软件方面，除了保持其原有的逻辑运算、计时、计数等功能，还增加了算术运算、数据处理和传送、通信、自诊断等功能。

20 世纪 80 年代中后期至今，由于超大规模集成电路技术的迅速发展，微处理器的市场价格大幅度下跌，使得各种类型的 PLC 所采用的微处理器的档次普遍提高。而且，为了进一步提高 PLC 的处理速度，各制造厂商还纷纷研制了专用逻辑处理芯片，使得 PLC 的软、硬件功能发生了巨大变化。目前，PLC 已基本替代了传统的继电-接触器控制装置，在工业自动化领域广泛应用。

（二）PLC 的定义

PLC 产生的初期主要是用来替代继电-接触器控制装置的，只能进行开关量逻辑控制，因此将其称为**可编程逻辑控制器**。

20 世纪 70 年代后期，由于 PLC 不再仅有开关量逻辑控制功能，还同时具有数据处理、网络通信、模拟量控制和 PID 控制等诸多功能，因此 1980 年美国电气制造商协会（national electrical manufacturers association, NEMA）去掉了其名称中的"逻辑"一词，将其称为可编程控制器，定义为一种数字式的电子装置。

知识链接

PID（proportion integration differentiation）控制是指比例-积分-微分控制。其具体过程为在得到控制系统的输出后，将输出经过比例、积分、微分 3 种运算方式叠加到输入中，从而改变控制对象的行为。PID 控制的应用非常广泛，常应用于锅炉、冷冻、反应堆、水处理、酿酒等的控制系统中。

1987 年，国际电工委员会（international electrotechnical commission, IEC）对 PLC 进行了定义：PLC 是一种数字运算操作的电子系统，专为在工业环境下的应用而设计。它采用可以编制程序的存储器，用来存储执行逻辑运算、顺序控制、计时、计数和算术运算等操作的指令，并能通过数字式或模拟式 I/O 接口，控制各种类型的机械或生产过程。

PLC 及其有关的外围设备都应按照"易于与工业控制系统形成一个整体，易于扩展其功能"的原则而设计。

（三）PLC 的特点及应用

1. PLC 的特点

与其他工业控制系统相比，PLC 具有功能丰富，编程语言简单易学，适应性好、具有柔性，操作方便，以及工作可靠等特点。

1）功能丰富

之所以说 PLC 的功能非常丰富，主要有以下几点原因。

（1）PLC 的指令多样，可进行各种逻辑问题的处理和各种类型数据的运算。

（2）PLC 内存中的数据存储区，种类繁多、容量宏大。PLC 内存中的一个位可作为一个中间继电器使用，一个字加上一些标志位，可构成定时器、计数器。

（3）PLC 中的 I/O 继电器可以存储大量的 I/O 信号，进行大规模控制。

2）编程语言简单易学

PLC 有多种编程语言可供选用，最常用的是梯形图。梯形图是面向控制过程和操作人员的编程语言，清晰直观，易学、易懂、易修改。

3）适应性好、具有柔性

由于 PLC 编程语言简单易学、控制程序可变，当生产工艺改变、生产设备更新时，不需要改变 PLC 的硬件设备，只改变程序就可满足新的控制要求，这使得 PLC 适应性好、具有柔性。

此外，PLC 已经标准化、系列化和模块化，针对不同的控制要求，PLC 都有相应的 I/O 接口与现场控制器、设备直接连接，适应性好。用户可以根据需要进行系统配置，组成各种各样的控制系统。利用 PLC 既可以控制一台机械、一条生产线，又可以控制一个复杂的系统、多条生产线；既可以现场控制，又可以远程控制。

4）操作方便

（1）PLC 安装方便，具有 DIN 标准导轨安装卡扣。

（2）PLC 连接方便，具有 I/O 接口，不用焊接，只用螺丝刀就可以将 PLC 与不同的控制设备连接。其中，输入端子可直接与各种开关量元件和传感器连接，输出端子可直接与各种继电器、接触器等连接。

（3）PLC 维护方便，有完善的自诊断功能和运行故障指示装置。当故障发生时，可以观察其面板上各种发光二极管指示灯的状态，迅速查明原因，排除故障。例如，ERROR 指示灯常亮表示 CPU 出错，闪烁表示程序出错。

5）工作可靠

PLC 的可靠性主要表现在以下几方面。

（1）在硬件设计上，PLC 的 I/O 电路与内部 CPU 采用电隔离方式连接，其信息一

般靠光耦器件传递，较好地消除了外部电磁干扰对 PLC 内部所产生的影响。

（2）PLC 的电源一般采用开关型电源，其对电网的要求较低，在电压大范围波动时仍能可靠地工作，同时电源电路与 I/O 电路还设计有多重滤波电路，如 LC 滤波电路、RC 滤波电路等，以减少高频干扰的影响。

（3）PLC 使用的元器件多为无触点型，且集成度高，这在一定程度上保证了工作的可靠性。

2. PLC 的应用

PLC 在钢铁、采矿、化工、电力、机械、纺织等各工业行业中得到广泛应用，具体的应用场景包括开关量控制、过程控制、运动控制、网络通信等。

1）开关量控制

对开关量的开环控制是 PLC 最基本的控制功能。PLC 可应用于各种各样的控制系统，如自动加工机械设备、物料传输装置等的控制系统，但是要求控制对象是开关量，只需要完成接通、断开的动作。而开关量作为逻辑量，其控制可以由触点的串联和并联来实现，所以应用 PLC 来进行控制是十分方便的。

2）过程控制

工业上的过程控制系统在工作时需要使用大量的 PID 控制算法，以便准确、可靠地完成各种工业生产过程中需求的动作。而现代大型 PLC 都配有 PID 子程序或 PID 智能模块，从而实现单回路、多回路的过程控制。PLC 还应用于闭环的位置控制和速度控制等过程控制，如连轧机的位置控制、自动电焊机的路径控制等。

3）运动控制

PLC 制造商目前已提供了拖动步进电动机或伺服电动机的单轴或多轴位置控制模块，以实现运动控制。在多数情况下，PLC 把描述目标位置的数据发送给位置控制模块，控制一轴或数轴移动到目标位置。当轴移动时，位置控制模块将保持轴具有适当的速度和加速度，确保轴的运动平滑。

4）网络通信

PLC 的网络通信包括主机与远程 I/O 信号之间的通信，多台 PLC 之间的通信，PLC 与其他智能控制设备（如计算机、变频器、数控装置）之间的通信等。PLC 与其他智能控制设备可以组成"集中管理、分散控制"的分布式控制系统。

（四）PLC 的分类

PLC 的品牌、型号众多，通常可以按结构、I/O 点数两种形式分类。

1. 按结构分类

按照结构的不同，PLC 可分为模块式 PLC 和整体式 PLC 两类。

1）模块式 PLC

模块式 PLC 是将 CPU、存储器、I/O 接口和电源等部件做成各自独立的插件式模

块，再插入机架底板插座上而构成的控制装置。用户可以按照控制要求，选用不同型号的 CPU 模块、I/O 模块和其他特殊模块，进而构成功能不同的 PLC。模块式 PLC 配置灵活、组装方便、扩展容易，但其结构较复杂、造价较高，一般大、中型 PLC 常采用这种结构。

2）**整体式 PLC**

整体式 PLC 如图 0-2 所示，它是将 CPU、存储器、I/O 接口和电源等部件集于一体，安装在一个金属或塑料机壳内，机壳的上下两侧是 I/O 接口，并配有可反映 I/O 状态的微型发光二极管的控制装置。整体式 PLC 具有结构紧凑、体积小巧、价格低等优势，适用于嵌入式控制装置的内部，常用于单机控制。小型 PLC 多采用这种结构，如三菱的 FX_{2N}、FX_{0N}、FX_{1S} 系列。

图 0-2　整体式 PLC

2．**按 I/O 点数分类**

按 I/O 点数的不同，PLC 可分为微型 PLC、小型 PLC、中型 PLC、大型 PLC 和超大型 PLC 五类。

1）**微型 PLC**

微型 PLC 的 I/O 点数小于 64，它是低成本用户在有限的 I/O 点数需求下，寻求功能强大且经济实惠的控制系统的首选。

2）**小型 PLC**

小型 PLC 的 I/O 点数一般为 64～128，存储器容量一般为 2～4 KB。小型 PLC 具有逻辑运算、定时和计数等功能，可替代继电-接触器控制的单机线路，适用于开关量控制、定时和计数控制等场合。例如，三菱 FX_{2N} 系列就是高速度、高性能的小型 PLC，是 FX 系列中最高档次的机型，适用于连接多个基本组件、模拟控制、定位控制等特殊场合，是一套可以满足广泛需要的 PLC。

3）**中型 PLC**

中型 PLC 的 I/O 点数一般为 128～512，存储器容量一般为 4～16 KB。中型 PLC 除具有逻辑运算、定时和计数功能之外，还具有算术运算、数据传送、网络通信和模拟量 I/O 等功能，适用于既有开关量又有模拟量的较为复杂的控制系统。

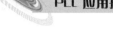

4）大型 PLC

大型 PLC 的 I/O 点数一般为 512~8 192，存储器容量一般为 16~64 KB。大型 PLC 除具有中型 PLC 的功能之外，还具有多种类、多信道的模拟量控制功能，以及强大的网络通信、远程控制等功能。大型 PLC 可用于大规模过程控制、分布式控制和工厂自动化网络控制等场合。

5）超大型 PLC

超大型 PLC 是指 I/O 点数和存储器容量比大型 PLC 更大、更高的 PLC。

 经验传承

以上五类 PLC 并不是绝对的，各类 PLC 之间可能会有重叠，其分类的界线也将随 PLC 的发展而变化。

（五）常见的 PLC 品牌

目前，PLC 的品牌较多，较有影响并在中国市场占有较大份额的有三菱 PLC、西门子 PLC、欧姆龙 PLC 和汇川 PLC。

1. 三菱 PLC

三菱 PLC 是三菱电机自动化（中国）有限公司（以下简称三菱）生产的主力产品。三菱 PLC 在中国市场的常见系列有 FX_{1N}、FX_{1S}、FX_{2N}、FX_{3U}、FX_{3UC}、FX_{2NC}、A、Q 等。

本书以三菱 FX_{3U} 系列 PLC（见图 0-3）为例，介绍 PLC 的相关知识。

2. 西门子 PLC

西门子 PLC（见图 0-4）是德国西门子股份公司（SIEMENS AG）生产的，其在我国的应用也相当广泛。西门子 PLC 的常见型号包括 S7-200、S7-300、S7-400、S7-1200、S7-1500 等，属于 S7 系列。其中，S7-200 是微型 PLC，S7-300 是小型 PLC，S7-400 是大型 PLC。西门子 S7 系列 PLC 体积小、速度快、标准化程度高、功能强、可靠性高、具有网络通信能力。

图 0-3　三菱 FX_{3U} 系列 PLC　　　　　　图 0-4　西门子 PLC

3. 欧姆龙 PLC

欧姆龙 PLC 是欧姆龙自动化（中国）有限公司生产的，它是一种功能完善的紧凑型 PLC，具有高级内装板、大程序容量和存储器单元。它能通过高级内装板进行升级，能为输送分散控制等提供高附加值机器控制，能在 Windows 环境下高效地开发软件。欧姆龙 PLC 能用于包装系统，并支持 HACCP（寄生脉冲分析关键控制点）过程处理标准。

4. 汇川 PLC

汇川 PLC 是深圳市汇川技术股份有限公司生产的，它是一种以微处理器为核心，集计算机技术、自动控制技术和通信技术为一体的通用工业自动控制装置。汇川 PLC 的常见系列有 H1U、H3U、H5U（见图 0-5）、AM400、AM600 等。它具有可靠性高、体积小、功能强、程序设计简单、灵活性强、维护方便等一系列优点，广泛应用于冶金、能源、化工、交通、电力等领域。

图 0-5 汇川 H5U 系列 PLC

古人有言："自古雄才多磨难，从来纨绔少伟男。"这句话深刻揭示了成就往往源于坚韧不拔的努力和饱经风霜的洗礼。对于从事技术工作的人来说，吃苦耐劳是必不可少的品质，只有在实践中不断磨炼，才能掌握那些宝贵的技能。

随着科技的进步，智能控制技术得到了迅猛发展，而 PLC 作为其中的核心组件，其硬件成本也在逐渐降低。因此，越来越多的生产设备开始采用 PLC 进行控制。掌握 PLC 应用技术不仅是技术人员提升自我、跟上时代步伐的关键，更是确保企业设备高效、稳定运行的重要保障。面对日益普及的 PLC 控制装置，我们必须深入学习和掌握其应用技术，以便更好地应对未来技术发展的挑战，为个人和企业的长远发展奠定坚实的基础。

二、三菱 FX3U 系列 PLC

（一）三菱 FX3U 系列 PLC 的型号

三菱 FX3U 系列 PLC 的型号如图 0-6 所示，其含义如下。

$$FX_{3U}-○○M□/□$$

图 0-6 三菱 FX3U 系列 PLC 的型号

（1）FX3U：系列名称。

（2）○○：I/O 总点数。

（3）M：基本单元。它是一种单元类型，其他 FX 系列 PLC 还可能采用 E 这种单元类型，E 表示 I/O 扩展单元。

（4）□/□：I/O 方式。它包括以下几种。

① R/ES：AC 电源、DC 24 V 输入、继电器输出。

② T/ES：AC 电源、DC 24 V 输入、晶体管（漏型）输出。

③ T/ESS：AC 电源、DC 24 V 输入、晶体管（源型）输出。

④ S/ES：AC 电源、DC 24 V 输入、晶闸管（SSR）输出。

⑤ R/DS：DC 电源、DC 24 V 输入、继电器输出。

⑥ T/DS：DC 电源、DC 24 V 输入、晶体管（漏型）输出。

⑦ T/DSS：DC 电源、DC 24 V 输入、晶体管（源型）输出。

⑧ R/UA1：AC 电源、AC 100 V 输入、继电器输出。

其中，R 表示继电器输出，T 表示晶体管输出，S 表示晶闸管输出。

（二）三菱 FX$_{3U}$ 系列 PLC 的结构

三菱 FX$_{3U}$ 系列 PLC 由硬件和软件两部分构成。下面以 FX$_{3U}$-48M PLC 为例来介绍三菱 FX$_{3U}$ 系列 PLC 的结构。

1．硬件

三菱 FX$_{3U}$ 系列 PLC 的硬件采用一体化箱体结构，是一个完整的控制装置，具有结构紧凑、体积小、安装方便等特点。它主要包括电源、CPU、存储器、I/O 接口、I/O 设备（如指示灯和运行模式转换开关）等，如图 0-7 所示。

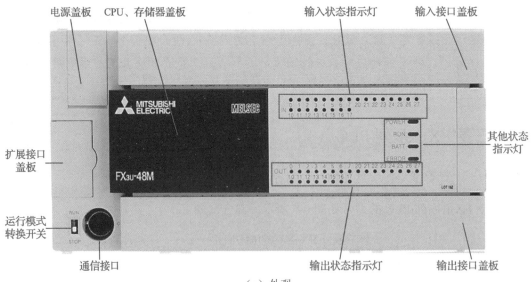

（a）外观

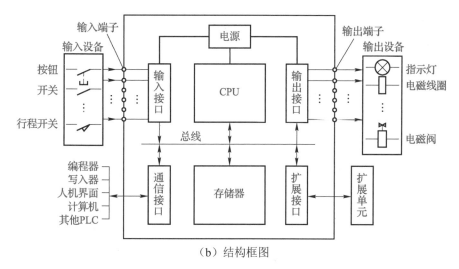

（b）结构框图

图 0-7　PLC 的外观和结构框图

1）电源

PLC 一般使用 AC 220 V 或 DC 24 V 的外部电源供电。外部电源电压进入 PLC 中，通过 PLC 的电源转换成直流 5 V、±12 V、24 V 的电压，以供给 CPU、存储器及各接口。PLC 一般采用开关型电源，其具有体积小、质量小、效率高、抗干扰性能好等优点。

2）CPU

CPU 是 PLC 的核心部件，它控制着所有部件的操作。CPU 通过地址总线、数据总线和控制总线，与电源、存储器、I/O 接口等连接。CPU 按循环扫描方式工作，从存放用户程序的 0 地址开始，经过存储器中各功能程序地址，到用户程序的最后一个地址，不停地进行周期性扫描，每扫描一遍，用户程序就被执行一次。

CPU 主要具有以下功能。

（1）从存储器中读取指令。CPU 先从地址总线发出地址信息，再从控制总线发出"读"命令，最后从数据总线读取存储器中的指令，并将指令存放到指令寄存器（CPU 内）中。

（2）执行指令。CPU 对存放在指令寄存器中的指令进行译码，执行指令规定的操作。例如，读取输入信号、读取操作数、进行逻辑运算和算术运算、输出结果等。

（3）准备下一条指令。CPU 在执行完一条指令后，根据条件产生下一条指令的地址，以便取出和执行下一条指令。

（4）处理中断。CPU 除执行指令外，还能接收中断请求并进行处理，在处理完成后再返回原址，继续执行指令。

3）存储器

存储器可用来存放系统程序、用户程序、逻辑变量和一些其他信息。按照读写方式的不同，存储器可分为只读存储器（ROM）和随机存储器（RAM）。ROM 中存放的内容一般为系统程序。RAM 中存放的内容一般包括用户程序、逻辑变量等。RAM 将锂电池作为后备电源。

虽然大、中、小型 PLC 的 CPU 的最大可寻址存储空间各不相同，但是根据 PLC 的工作原理，CPU 的存储空间一般包括系统程序存储区、系统 RAM 存储区（包括 I/O 映像区和系统软设备等）和用户程序存储区 3 个区域。

4）I/O 接口

I/O 接口是 PLC 与现场 I/O 设备或其他外部设备之间的连接部件。PLC 通过输入接口读入工业现场状态信息，通过用户程序的逻辑运算，把结果通过输出接口输出给外部执行元件。

输入接口用于处理输入信号，对输入信号进行滤波、隔离、电平转换等操作，再把输入信号的逻辑值准确可靠地传入 PLC 内部。输入接口由多个端子组成，如图 0-8 所示。

⏚	S/S	0 V	X0	X2	X4	X6	X10	X12	X14	X16	X20	X22	X24	X26	•
L	N	•	24 V	X1	X3	X5	X7	X11	X13	X15	X17	X21	X23	X25	X27

图 0-8　输入接口

输出接口用于把用户程序的逻辑运算结果输出给 PLC 的外部执行元件，具有隔离 PLC 内部电路和外部执行元件的作用，同时兼有功率放大的作用。输出接口同样由多个端子组成，如图 0-9 所示。

Y0	Y2	•	Y4	Y6	•	Y10	Y12	•	Y14	Y16	Y20	Y22	Y24	Y26	COM5
COM1	Y1	Y3	COM2	Y5	Y7	COM3	Y11	Y13	COM4	Y15	Y17	Y21	Y23	Y25	Y27

图 0-9　输出接口

I/O 接口各端子的说明如表 0-1 所示。

表 0-1　I/O 接口各端子说明

端子名称	标识	作用
电源输入端子	L、N	作为 PLC 外部 220 V 交流电源的接点
输入回路电源端子	24 V、0 V	为输入回路提供 24 V 直流电源
输入公共端子	S/S	进行输入回路的漏源转换：与 24 V 端子共用，使输入回路接入正极（漏型）；与 0 V 端子共用，使输入回路接入负极（源型）
输出公共端子	COM#	共 5 个，与 Y#端子共用构成负载回路，通常连接的负载有交流接触器线圈、电磁阀线圈、指示灯等

表 0-1（续）

端子名称	标识	作用
输入端子	X#	共 24 个，为输入继电器的接线端，是将外部信号引入 PLC 的必经通道
输出端子	Y#	共 24 个，为输出继电器的接线端，是将 PLC 指令执行结果传递到负载的必经通道
未定义端子	•	不具有任何功能，不能使用
接地端子	⏚	用于接地保护

 经验传承

　　需要注意的是，共用一个输出公共端子的同一组输出端子，必须连接同一电压类型和等级的负载。当 PLC 所连接负载的电压类型和等级不同时，Y0～Y3 共用 COM1，Y4～Y7 共用 COM2，Y10～Y13 共用 COM3，Y14～Y17 共用 COM4，Y20～Y27 共用 COM5；当负载的电压类型和等级相同时，将使用到的输出公共端子用导线短接即可。

5）I/O 设备

三菱 FX₃ᵤ 系列 PLC 的 I/O 设备包括指示灯和运行模式转换开关。

（1）指示灯。

PLC 面板上有很多用于反映 PLC 状态的指示灯，其状态说明如表 0-2 所示。

表 0-2　指示灯的状态说明

指示灯		状态说明
输入状态指示灯		当 PLC 有正常输入信号时，该指示灯点亮
输出状态指示灯		当某个输出继电器被驱动时，该指示灯点亮
其他状态指示灯	POWER 指示灯	PLC 接通 220 V 交流电源后，该指示灯点亮。正常情况下，仅该指示灯点亮表示 PLC 处于编辑状态
	RUN 指示灯	当 PLC 处于正常运行状态时，该指示灯点亮
	BATT 指示灯	当电源电压不足时，该指示灯点亮，应更换电源
	ERROR 指示灯	当程序错误（如参数或语法错误）时，该指示灯闪烁 当 CPU 故障时，该指示灯点亮

（2）运行模式转换开关。

在 PLC 面板上，设置了一个运行模式转换开关（RUN/STOP 开关），用来改变 PLC 的工作模式。PLC 电源接通后，将运行模式转换开关置于 RUN 位置，则 RUN 指示灯点

亮，表示 PLC 处于运行状态；将运行模式转换开关置于 STOP 位置，则 RUN 指示灯熄灭，表示 PLC 处于停止状态。

2．软件

三菱 FX₃ᵤ 系列 PLC 的软件主要包括系统程序和用户程序。

1）系统程序

系统程序是用来控制和完成 PLC 各种功能的程序，一般包括系统诊断程序、输入处理程序、编译程序、信息传送程序、监控程序等。

2）用户程序

用户程序是用户根据控制要求编写的应用程序，一般包括开关量逻辑控制程序、模拟量运算控制程序、闭环控制程序、工作站初始化程序等。

（三）三菱 FX₃ᵤ 系列 PLC 的工作原理

三菱 FX₃ᵤ 系列 PLC 在运行时需要进行大量的操作，这迫使 PLC 中的 CPU 只能根据分时操作原理，按一定顺序，一个时刻执行一个操作，这种分时操作的方式称为循环扫描工作方式。

循环扫描工作方式既简单、直观，又便于用户程序的设计，且为 PLC 的可靠运行提供了保障。在这种工作方式下，PLC 一旦扫描到用户程序的某一指令，就会对其进行处理，处理结果可以立即被用户程序中后续扫描到的指令所应用。

循环扫描工作方式如图 0-10 所示。从图中可以看出，PLC 在初始化后进入循环扫描。PLC 一次扫描的过程，包括内部处理、通信服务、输入采样、程序处理、输出刷新等阶段。PLC 可通过 CPU 内部设置的监视定时器（WDT）来监视每次扫描是否超过规定的时间，以避免因 CPU 内部故障导致程序进入死循环的情况。PLC 一次扫描所需的时间称为扫描周期。显然，PLC 的扫描周期与用户程序的长短和扫描速度紧密相关。

1．初始化阶段

PLC 在进入循环扫描前的初始化，主要是复位所有内部继电器、清零 I/O 暂存器、预置监视定时器、识别扩展单元等，以保证它们在进入循环扫描后能正确无误地工作。

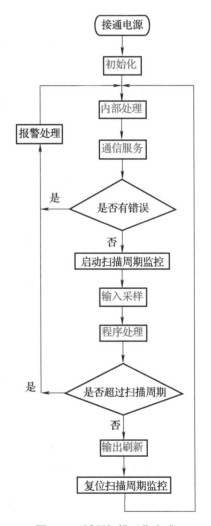

图 0-10　循环扫描工作方式

2．内部处理阶段

在内部处理阶段，PLC 自行诊断内部硬件是否正常，一旦发现故障，将立即停止扫描，并显示故障情况。

3．通信服务阶段

在通信服务阶段，PLC 与上、下位机通信，与其他带微处理器的智能装置通信，接受并根据优先级别来处理它们的中断请求，响应编程器键入的命令，更新编程器显示的内容等。

4．输入采样阶段

在输入采样阶段，CPU 将全部现场输入信号（如按钮开关、限位开关、速度继电器等的信号）经输入端子输入输入映像寄存器。进入下一阶段（即程序处理阶段）时，如果输入信号发生变化，输入映像寄存器将不予理睬，只有等到下一个扫描周期的输入采样阶段，输入映像寄存器的内容才会被刷新。这种输入工作方式称为集中输入方式。

5．程序处理阶段

在程序处理阶段，首先，CPU 要读出输入映像寄存器的状态（ON 或 OFF，即 1 或 0）和其他编程元件的状态，除输入继电器外，一些编程元件的状态随着程序的执行不断更新；然后，CPU 按程序给定的要求进行逻辑运算和算术运算，并将运算结果存入相应的数据寄存器；最后，CPU 将向外输出的信号存入输出映像寄存器，并由输出锁存器保存。程序处理阶段的特点是按顺序依次执行指令。

6．输出刷新阶段

在输出刷新阶段，CPU 将输出映像寄存器的状态经输出锁存器和输出端子传送到外部，进而驱动接触器、电磁阀和指示灯等负载，输出锁存器的内容要等到下一个扫描周期的输出刷新阶段才会被刷新。这种输出工作方式称为集中输出方式。

 经验传承

当 PLC 处于停止（STOP）状态时，PLC 只循环完成内部处理和通信服务两个阶段的工作。当 PLC 处于运行（RUN）状态时，PLC 可循环完成内部处理、通信服务、输入采样、程序处理、输出刷新这 5 个阶段的工作。

三、三菱 GX Works2 软件的安装与使用

三菱推出了 PLC 编程软件——GX Works2 软件，该软件是专用于 PLC 的设计、调试、维护的编程工具。与传统的 GX Developer 软件相比，GX Works2 软件具有更多的功能、更好的操作性能，且更加容易使用。

（一）安装环境

GX Works2 软件对电脑配置的要求不高，可安装使用在多种环境中，如安装使用在 Windows 10、Windows 11 等操作系统中。

（二）安装流程

步骤 1 双击"gx works 2c.zip"压缩包中的"setup.exe"图标（见图 0-11），进入"GX Works2-InstallShield Wizard"对话框，如图 0-12 所示。

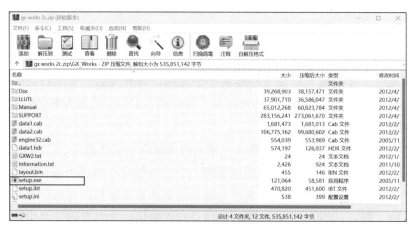

图 0-11 双击"setup.exe"图标

步骤 2 在"GX Works2-InstallShield Wizard"对话框中，单击"下一步"按钮，进入"用户信息"对话框，如图 0-13 所示。

图 0-12 "GX Works2-InstallShield Wizard"对话框   图 0-13 "用户信息"对话框

步骤 3 在"用户信息"对话框的"姓名（A）""公司名（C）""产品 ID（P）"下输入用户信息及产品序列号。输入完成后，单击"下一步"按钮，进入"选择安装目标"对话框，如图 0-14 所示。

图 0-14　"选择安装目标"对话框

　　步骤 4　在"选择安装目标"对话框中，单击"更改"按钮可选择安装位置。选择安装位置后，单击"下一步"按钮，进入"开始复制文件"对话框，如图 0-15 所示。确认设置内容无误后，单击"下一步"按钮，进入"安装状态"对话框（见图 0-16），软件自动安装。

图 0-15　"开始复制文件"对话框

图 0-16　"安装状态"对话框

　　步骤 5　安装完毕后，进入"结束 InstallShield Wizard"对话框，显示 GX Works2 软件已安装在计算机上，如图 0-17 所示。单击"结束"按钮，退出安装程序，即可在电脑桌面及程序菜单上分别找到 GX Works2 软件图标，如图 0-18 所示。

图 0-17　"结束 InstallShield Wizard"对话框

（a）　　　　　　　　　　　（b）

图 0-18　GX Works2 软件图标

请自行安装 GX Developer 软件，并总结安装该软件时的注意事项。

（三）工程新建及保存

安装完成后，双击桌面的 GX Works2 软件图标即可打开软件，GX Works2 软件界面如图 0-19 所示。

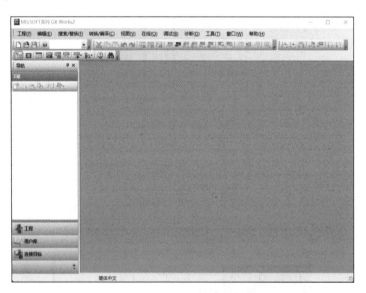

图 0-19　GX Works2 软件界面

1. 创建新工程

步骤 1　单击"工程（P）"→"新建工程（N）"选项，弹出"新建工程"对话框，如图 0-20 所示。

（a）

（b）

图 0-20 弹出"新建工程"对话框

步骤2 在"新建工程"对话框中可设置工程类型、PLC 系列、PLC 类型和程序语言。在"工程类型（P）"的下拉菜单中选择"简单工程"，在"PLC 系列（S）"的下拉菜单中选择"FXCPU"，在"PLC 类型（T）"的下拉菜单中选择"FX3U/FX3UC"，在"程序语言（G）"的下拉菜单中选择"梯形图"。

步骤3 单击"确定"按钮，即可创建新工程，进而进入编程界面，如图 0-21 所示。

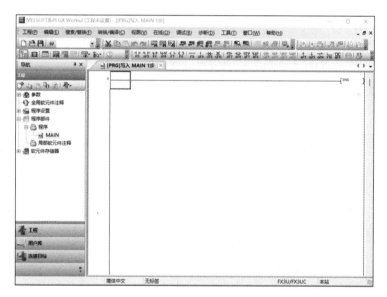

图 0-21 编程界面

2. 保存工程

创建完新工程或输入完程序后，需要将其保存，步骤如下。

步骤1 单击"工程（P）"→"保存工程（S）"选项（见图 0-22），弹出"工程另存为"对话框，如图 0-23 所示。

步骤2 在"工程另存为"对话框中，选择好工程保存的位置，并为工程命名，然后单击"保存"按钮，即弹出"是否新建工程"对话框，如图 0-24 所示。

步骤 3　在"是否新建工程"对话框中单击"是（Y）"按钮，工程即保存完毕。

图 0-22　保存工程　　　　图 0-23　"工程另存为"对话框　　　图 0-24　"是否新建工程"
　　　　　　　　　　　　　　　　　　　　　　　　　　　　　　　　　　　　对话框

经验传承

若在保存好的工程中修改程序，则单击"💾"即可将工程再次保存。

项目一

PLC 基本指令的应用

项目导读

PLC 编程离不开基本指令。三菱 FX₃U 系列 PLC 有多个基本指令，其操作功能可用助记符表示；其操作的对象是目标元件，即软元件。

本项目在介绍 PLC 编程语言、PLC 基本指令、PLC 程序的经验设计法、软元件的基础上，实现两台电动机顺序控制、水塔水位控制和电动机正反转控制程序设计。

知识目标

✦ 了解 PLC 编程语言。

✦ 掌握梯形图的结构及编程规则。

✦ 掌握 PLC 编程的基本操作及 PLC 基本指令。

✦ 掌握 PLC 程序的经验设计法。

✦ 了解电容式液位传感器。

✦ 掌握输入继电器、输出继电器、辅助继电器、状态继电器、数据寄存器。

✦ 掌握 PLC 的自锁和互锁控制。

技能目标

✦ 能够完成两台电动机顺序控制程序设计。

✦ 能够完成水塔水位控制程序设计。

✦ 能够完成电动机正反转控制程序设计。

素质目标

✦ 树立节约能源、保护环境的意识。

✦ 养成精益求精、不断进取的工作作风。

任务一 两台电动机顺序控制

任务引入

在生产实践中，一些复杂的设备需要用两台电动机配合工作。一般来讲，这两台电动机（M1、M2）会分别配有一个启动按钮，来控制电动机的启动。通常情况下，两台电动机顺序控制的要求为，先按下启动按钮 1，使 M1 启动，再按下启动按钮 2，使 M2 启动。若先按下启动按钮 2，则 M2 不会启动。此外，一些设备还配有一个停止按钮，若按下停止按钮，则两台电动机同时停止运转。

本任务将先介绍 PLC 编程语言、梯形图的格式及编程规则、PLC 编程的基本操作及 PLC 基本指令，再进行两台电动机顺序控制程序设计。

任务工单

请扫描下方的二维码，获取任务工单。根据任务工单，学生可以课前预习相关知识，课后按步骤进行任务实施，提高操作技能。

一、PLC 编程语言

IEC 61131—3 标准中定义了 5 种 PLC 编程语言：指令表、梯形图、顺序功能图、功能块图、结构化文本。其中，使用指令表、梯形图和顺序功能图编制的程序可以相互转换，如图 1-1 所示。

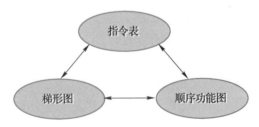

图 1-1　PLC 编程语言的相互转换

（一）指令表

指令表（instruction list, IL）是 PLC 编程的基础，包含了用于编写和控制 PLC 程序的各种指令，以实现各种逻辑控制，进而控制工业机器和设备的操作。它由步序号、指令和软元件编号组成，如表 1-1 所示。

表 1-1　指令表

步序号	指令	软元件编号	步序号	指令	软元件编号
0	LD	X2	5	OR	Y2
1	OR	Y1	6	ANI	X1
2	ANI	X1	7	OUT	Y2
3	OUT	Y1	8	END	
4	LD	X3			

（二）梯形图

梯形图（ladder diagram, LD）是在传统的继电-接触器控制装置电气原理图的基础上，通过简化符号演变而来的。在简化的同时，梯形图还结合计算机的特点，加入了许多功能强大、使用灵活的指令，使编程更简单，实现的功能更多。梯形图的优点是直观、简便，大大超过了传统电气原理图，是目前应用十分广泛的 PLC 编程语言。

（三）顺序功能图

顺序功能图（sequential function chart, SFC）又称流程图或状态转移图，是一种图形化的功能性说明语言，专用于描述工业顺序控制程序，可以用它对具有并发、选择等复杂结构的系统进行编程。

（四）功能块图

功能块图（function block diagram, FBD）实际上是一种由逻辑功能符号组成表达命令的图形语言。与数字电路中的逻辑图一样，功能块图能实现条件与结果之间的逻辑功能。根据信息流将各种功能块图加以组合的编程语言，是一种逐步发展起来的新式编程语言，正在受到各 PLC 厂家的重视。

（五）结构化文本

结构化文本（structured text, ST）是一种高级的文本语言，可以用来描述功能、功能块和程序行为，还可以在顺序功能图中描述状态步、动作和转换行为。

结构化文本表面上与结构化编程（Pascal）语言很相似，但它是一个专门为工业控制应用开发的编程语言，用于对变量赋值、回调功能和功能块、创建表达式、编写条件语

句和迭代程序等。大型 PLC 的 I/O 点数多，控制对象复杂，因此可以像计算机那样采用结构化文本编程。

二、梯形图的结构及编程规则

（一）梯形图的结构

梯形图和继电-接触器控制装置电路的结构非常相似。梯形图由若干梯级（行）组成，每个梯级又由触点、线圈、连线和母线组成，如图 1-2 所示。

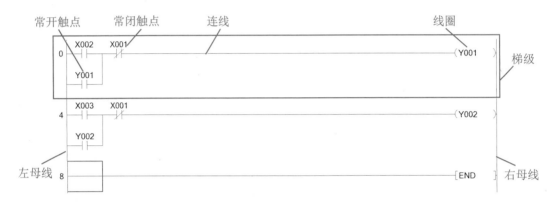

图 1-2　梯形图

1. 触点

梯形图只有常开和常闭两种触点。常开触点和常闭触点的编号因不同产品、不同位置（输入或输出）而不同。相同编号的触点可以反复使用，次数不限，这与继电-接触器控制装置中相同编号的触点只能使用一次不同。

梯形图所使用的输入继电器和辅助继电器等软元件的常开、常闭触点，本质上是 PLC 内部某一存储器数据"位"的状态，置"1"表示闭合，置"0"表示断开。并且，在任意时刻，常开、常闭触点的状态是唯一的，即两者存在严格的非关系，不可能出现同时为"1"或"0"的情况。

2. 线圈

梯形图中线圈常用括号、圆或椭圆等表示。梯形图所使用的编程元件，并非实际存在的物理继电器。梯形图对线圈的输出控制，只是将 PLC 内部某一存储器数据"位"的状态进行赋值而已，置"1"表示线圈得电，置"0"表示线圈失电。

3. 连线

梯形图中的连线与继电-接触器控制装置电路中的导线相似，用于连接各触点和线圈，使梯形图能按照"从上至下、从左至右"的顺序执行。梯形图中的线圈有各自独立的逻辑控制关系，不同线圈之间不能采用电桥电路连接方式。

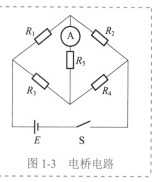

　　电桥电路又称**桥式电路**，是在两个并联支路中，各支路的中间节点（通常是两元器件之间连线的一点）插入一个支路，来将两个并联支路桥接起来的电路，如图 1-3 所示。

图 1-3　电桥电路

4．母线

　　母线分为**左母线**和**右母线**，它们又称**起始母线**、**终止母线**，其意义与继电-接触器控制装置电路中的电源线类似。每一梯级必须从左母线开始，右母线可以省略。

　　在使用梯形图进行编程时，应注意以下要求。

　　（1）梯形图按梯级从上至下编写，每一梯级从左至右编写。每一梯级的开始一般是由触点表示的"执行条件"，结束一般是由线圈表示的"执行结果"。

　　（2）触点应画在水平线上，不能画在垂直分支线上，每一触点都有自己的特殊标记，以示区别。

　　（3）梯形图的触点可以任意串、并联，而线圈只能并联，不能串联。

　　（4）一个完整的梯形图必须用结束指令结束。

（二）梯形图的编程规则

　　在使用梯形图进行编程时，应注意以下编程规则。

　　（1）应尽量避免同一编号的线圈在一个程序中使用两次（即同名双线圈输出，如图 1-4 所示），否则容易引起误操作。

图 1-4　同名双线圈输出

　　（2）当梯形图中有串联触点时，应将其放在上面，这样可以省略程序执行时的堆栈操作，减少指令步数，如图 1-5 所示。

图 1-5　串联触点的设计

知识链接

堆栈是一种只能在一端进行插入（压栈）和删除（弹栈）操作的特殊线性表。它按照后进先出的原则存储数据，先进入的数据被压入栈底，最后进入的数据在栈顶，需要读数据的时候数据从栈顶开始弹出（最后一个数据被第一个读出来）。

（3）当梯形图中有并联触点时，应将其放在前面，这样同样可以省略程序执行时的堆栈操作，减少指令步数，如图 1-6 所示。

图 1-6　并联触点的设计

三、PLC 编程的基本操作

PLC 编程的基本操作包括程序编辑、程序仿真、程序在线下载。其中，程序编辑和程序仿真都可以离线（不连接 PLC）进行，且常使用 GX Works2 软件进行操作；而程序在线下载则需要在线（连接 PLC）进行，常使用 GX Developer 软件进行操作。

（一）程序编辑

在进行程序编辑时，常用的操作包括触点（线圈）的编辑、行的编辑、梯形图的转换。

1. 触点（线圈）的编辑

在进行触点（线圈）的编辑时，经常需要对其进行输入、修改、删除等操作，可借助 GX Works2 软件中的梯形图工具栏进行这些操作。梯形图工具栏的常用选项如图 1-7 所示。

1—常开触点；2—并联常开触点；3—常闭触点；4—并联常闭触点；5—线圈；6—应用指令；
7—横线输入；8—竖线输入；9—横线删除；10—竖线删除；11—上升沿脉冲；
12—下降沿脉冲；13—并联上升沿脉冲；14—并联下降沿脉冲。

图 1-7　梯形图工具栏的常用选项

（1）输入触点（线圈）时，将光标移到需要输入触点（线圈）的位置，先单击梯形图工具栏中的选项，再输入触点（线圈）连接的输入（输出）端子，按"Enter"键或单击"确定"按钮即可添加新的触点（线圈）。

下面以常开触点的输入步骤为例，介绍触点（线圈）的输入步骤。

步骤 1 将光标移到要输入的常开触点的位置，如图 1-8 所示。

图 1-8 移动光标

步骤 2 单击图 1-7 中的 ，随即弹出"梯形图输入"对话框，在输入框中输入"x1"，如图 1-9 所示。

图 1-9 "梯形图输入"对话框

步骤 3 按"Enter"键或单击"确定"按钮，就输入了一个常开触点 X001，这时光标将自动移到下一位，常开触点 X001 所在行的底纹变为灰色，如图 1-10 所示。

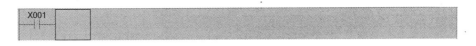

图 1-10 常开触点 X001 所在行

（2）修改触点（线圈）时，只需要将光标移到需要修改的触点（线圈）上，直接输入新的触点（线圈）即可，新的触点（线圈）会覆盖原来的触点（线圈）。

（3）删除触点（线圈）时，只需要将光标移到需要删除的触点（线圈）上，再按"Delete"键，即可删除，然后在删除的位置单击 输入横线。

2．行的编辑

在进行程序编辑时，经常要插入或删除一行程序。

（1）插入行时，将光标移到要插入行的位置，单击"编辑（E）"→"行插入（W）"选项（见图 1-11），即可插入一行。

（2）删除行时，将光标移到要删除行的位置，单击"编辑（E）"→"行删除（E）"选项（见图 1-11），即可删除一行。

3．梯形图的转换

编写好程序后，需要将梯形图进行转换，以检查梯形图的指令是否正确。单击"转换/编译（C）"→"转换（B）"选项，即可进行梯形图的转换，如图 1-12 所示。转换后，梯形图的底纹将由灰色变为白色。

图 1-11　插入与删除行

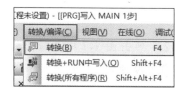

图 1-12　梯形图的转换

（二）程序仿真

程序仿真包括 3 个步骤：程序下载及运行、改变触点的当前值、观察仿真结果。

步骤 1　程序下载及运行。程序编辑完成后，单击"模拟开始/停止"图标🖳，弹出"PLC 写入"（见图 1-13）和"GX Simulator2"窗口（见图 1-14），执行 PLC 写入操作，将程序下载到仿真软件 GX Simulator2 中。

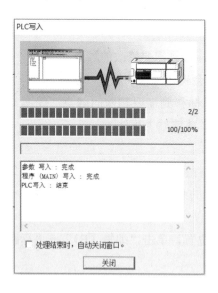

图 1-13　"PLC 写入"窗口

图 1-14　"GX Simulator2"窗口

经验传承

程序仿真通常需要借助仿真软件 GX Simulator2，其在安装 GX Works2 软件时已一并进行安装。

步骤2　改变触点的当前值。单击"调试（B）"→"当前值更改（M）"选项，弹出"当前值更改"对话框，如图 1-15 所示。在"软元件/标签（E）"的输入框中输入或单击梯形图中要改变的触点，然后单击"ON"按钮，使常开触点闭合，常闭触点断开。

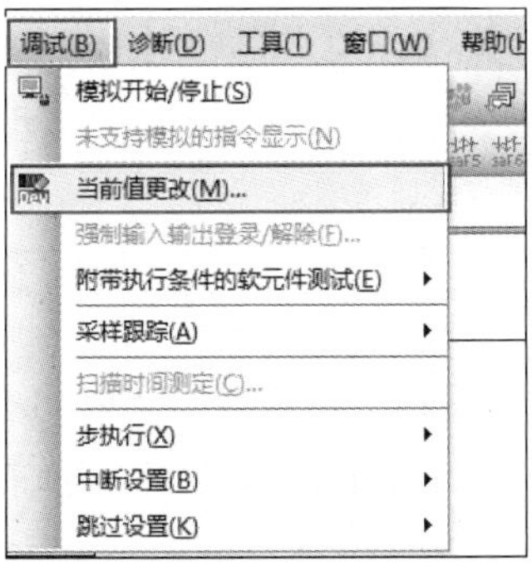

（a） 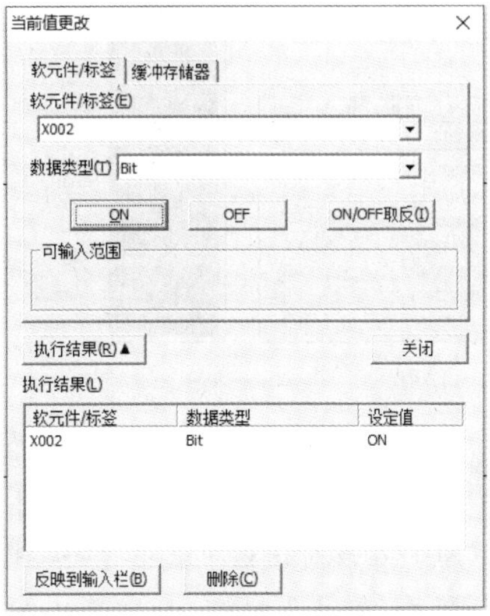　　　　　　　　　　　　　　（b）

图 1-15　改变触点的当前值

步骤3　观察仿真结果。如图 1-16 所示，中间有蓝色方块的触点为闭合状态，括号有蓝色底纹的线圈处于得电状态。当常开触点 X002 闭合时，线圈 Y001 得电，使得常开触点 Y001 闭合。

```
     X002  X001
0    ┤ ├──┤/├─────────────────────────────( Y001 )
     Y001
     ┤ ├

     X003  X001
4    ┤ ├──┤/├─────────────────────────────( Y002 )
     Y002
     ┤ ├

8    ─────────────────────────────────────[ END ]
```

图 1-16　仿真结果

（三）程序在线下载

调试好程序后，需要将程序在线下载到 PLC 中，为程序运行做准备。下面介绍在 GX Developer 软件中在线下载程序的步骤。

步骤1　打开工程文件后，单击"在线（O）"→"传输设置（C）"选项，即可弹出"传输设置"对话框，如图 1-17 所示。

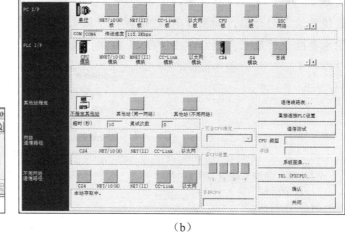

（a）　　　　　　　　　　　　　　（b）

图 1-17　弹出"传输设置"对话框

步骤 2　在"传输设置"对话框中，单击"串行"图标，即可弹出"PC I/F 串口详细设置"对话框。在该对话框中选中"RS-232C"，在"COM 端口"的下拉菜单中选择"COM6"，单击"确认"按钮，随即弹出"MELSOFT 系列 GX Developer"对话框。在该对话框中，单击"确定"按钮，即与 PLC 建立通信，如图 1-18 所示。

（a）　　　　　　　　　　　　　　（b）

图 1-18　与 PLC 建立通信

经验传承

COM 端口要根据实际电脑识别线缆的端口号进行选择。在安装好通信电缆和驱动后，可以在"开始"菜单处搜索"设备管理器"。在"设备管理器"的"端口（COM 和 LPT）"下，查看与 PLC 建立通信的端口号，如图 1-19 所示。

图 1-19　查看与 PLC 建立通信的端口号

步骤 3 通信设置成功后，单击"PLC 写入"图标 📲，或单击"在线（O）"→"PLC 写入（W）"选项，即可弹出"PLC 写入"对话框，如图 1-20 所示。

（a）

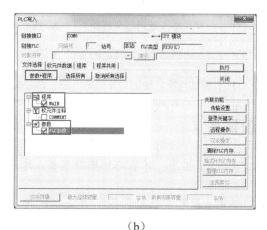

（b）

图 1-20 弹出"PLC 写入"对话框

步骤 4 在"PLC 写入"对话框的"参数＋程序"下勾选"程序"和"参数"两个选项；然后单击"执行"按钮，随即弹出"是否执行 PLC 写入"对话框（见图 1-21），单击"是（Y）"按钮。进而弹出"已完成"对话框（见图 1-22），单击"确定"按钮，即可完成程序在线下载。

图 1-21 "是否执行 PLC 写入"对话框　　　图 1-22 "已完成"对话框

四、PLC 基本指令

基本指令是 PLC 编程的基础，下面介绍几种常用的基本指令：取、取反、输出指令，与、与反指令，或、或反指令，脉冲输出指令，边沿检测指令，置位、复位指令，主控、主控复位指令，以及结束指令。

（一）取、取反、输出指令

取、取反指令可和与、或指令配合，用于分支回路的起点。输出指令可并联使用，但不能用于输入继电器（X）。当输出指令用于定时器（T）和计数器（C）时，应在输出指令后设定常数。取、取反、输出指令的功能、目标元件和梯形图如表 1-2 所示。

表1-2　取、取反、输出指令

名称、助记符	功能	目标元件	梯形图
取指令 LD	常开触点逻辑运算起始	X、Y、M、S、T、C	 
取反指令 LDI	常闭触点逻辑运算起始	X、Y、M、S、T、C	
输出指令 OUT	驱动线圈，输出运算结果	Y、M、S、T、C	

 知识链接

> Y 表示输出继电器，M 表示辅助继电器，S 表示状态继电器。

【**应用举例1**】电动机启停控制的要求：按下启动按钮，电动机启动；松开启动按钮，电动机停止运转。按照以上控制要求编写梯形图，并写出其指令表。

解： 电动机启停控制的梯形图如图1-23 所示。当常开触点 X000 闭合时，线圈 Y000 得电，电动机启动；当常开触点 X000 断开时，线圈 Y000 失电，电动机停止运转。其对应的指令表如表1-3 所示。

图 1-23　电动机启停控制的梯形图

表 1-3　电动机启停控制的指令表

步序号	指令	软元件编号
0	LD	X0
1	OUT	Y0
2	END	

（二）与、与反指令

与、与反指令描述了单个触点与其他触点（或触点组）所组成电路的串联连接关系，可连续使用。与、与反指令的功能、目标元件和梯形图如表1-4 所示。

表 1-4　与、与反指令

名称、助记符	功能	目标元件	梯形图
与指令 AND	常开触点的串联连接	X、Y、M、S、T、C	
与反指令 ANI	常闭触点的串联连接		

（三）或、或反指令

或、或反指令描述了单个触点与其他触点（或触点组）所组成电路的并联连接关系，可连续使用。或、或反指令的功能、目标元件和梯形图如表 1-5 所示。

表 1-5 或、或反指令

名称、助记符	功能	目标元件	梯形图
或指令 OR	常开触点的 并联连接	X、Y、M、S、T、C	0 ┤X000├──────(Y000) ┤X001├
或反指令 ORI	常闭触点的 并联连接		0 ┤X000├──────(Y000) ┤X001/├

（四）脉冲输出指令

脉冲输出指令包括上升沿脉冲输出指令和下降沿脉冲输出指令，其功能、目标元件和梯形图如表 1-6 所示。脉冲输出指令可将脉宽较宽的输入信号变成脉宽等于扫描周期的触发脉冲信号，而信号周期不变。此外，特殊辅助继电器不能用作脉冲输出指令的目标元件。

表 1-6 脉冲输出指令

名称、助记符	功能	目标元件	梯形图
上升沿脉冲输出指令 PLS	在输入信号上升沿产生一个扫描周期的脉冲输出	Y、M	0 ┤X000├──────[PLS M0]
下降沿脉冲输出指令 PLF	在输入信号下降沿产生一个扫描周期的脉冲输出		0 ┤X000├──────[PLF M0]

（五）边沿检测指令

边沿检测指令包括上升沿指令和下降沿指令两种。

1. 上升沿指令

上升沿指令包括上升沿取指令、上升沿与指令、上升沿或指令，它们具有相同的功能，只是在梯形图中的位置不同。上升沿指令的功能、目标元件、梯形图和时序图如表 1-7 所示。

表 1-7　上升沿指令

名称、助记符	功能	目标元件	梯形图	时序图
上升沿取指令 LDP	使其驱动的线圈在触点的上升沿接通一个扫描周期	X、Y、M、S、T、C	0 ─┤↑├── X001 ──(Y000)─	X001, Y000 时序波形
上升沿与指令 ANDP			0 ─┤├─ X000 ─┤↑├─ X001 ──(Y000)─	X000, X001, Y000 时序波形
上升沿或指令 ORP			0 ─┤├─ X000 ──(Y000)─, X001	X000, X001, Y000 时序波形

知识链接

为了便于理解，边沿检测指令的功能可以用时序图来表示。时序图是在输入信号和时钟脉冲信号的作用下，电路的状态和输出值随时间变化的波形图。

2. 下降沿指令

下降沿指令与上升沿指令类似，只是两者的触点脉冲方向不同。下降沿指令包括下降沿取指令、下降沿与指令、下降沿或指令。同样地，它们具有相同的功能，只是在梯形图中的位置不同。下降沿指令的功能、目标元件、梯形图和时序图如表 1-8 所示。

表 1-8　下降沿指令

名称、助记符	功能	目标元件	梯形图	时序图
下降沿取指令 LDF	使其驱动的线圈在触点的下降沿接通一个扫描周期	X、Y、M、S、T、C	0 ─┤↓├── X001 ──(Y000)─	X001, Y000 时序波形
下降沿与指令 ANDF			0 ─┤├─ X000 ─┤↓├─ X001 ──(Y000)─	X000, X001, Y000 时序波形

表 1-8（续）

名称、助记符	功能	目标元件	梯形图	时序图
下降沿或指令 ORF	使其驱动的线圈在触点的下降沿接通一个扫描周期	X、Y、M、S、T、C		

（六）置位、复位指令

置位、复位指令的功能、目标元件和梯形图如表 1-9 所示。对于同一目标元件，置位、复位指令可多次使用，顺序也可随意，但应执行排在最后的指令。当复位指令输入有效时，计数器（C）的输入信号将不被接受。

表 1-9　置位、复位指令

名称、助记符	功能	目标元件	梯形图
置位指令 SET	使目标元件置位并保持当前状态	Y、M、S	0 X000 ─[SET Y000]
复位指令 RST	使目标元件复位并保持清零状态	Y、M、S、T、C、D、V、Z	0 X000 ─[RST Y000]

 知识链接

D 表示数据寄存器，V、Z 表示变址寄存器。

【应用举例 2】一盏灯点亮和熄灭的控制要求：按下按钮 SB1，该灯点亮；按下按钮 SB2，该灯熄灭。按照以上控制要求编写梯形图，并写出其指令表。

解：一盏灯点亮和熄灭的梯形图如图 1-24 所示。当常开触点 X000 闭合时，执行置位指令，使线圈 Y001 得电，该灯点亮；当常开触点 X001 闭合时，执行复位指令，线圈 Y001 失电，该灯熄灭。其对应的指令表如表 1-10 所示。

图 1-24　一盏灯点亮和熄灭的梯形图

表 1-10   一盏灯点亮和熄灭的指令表

步序号	指令	软元件编号
0	LD	X0
1	SET	Y1
2	LD	X1
3	RST	Y1
4	END	

（七）主控、主控复位指令

在编程时，经常会遇到多个线圈同时受一个或一组触点控制的情况。如果在每一个线圈的控制电路中都串入同样多的触点，将占用很多存储单元，此时可用主控指令来解决此问题。主控指令在应用时与主控复位指令成对使用，以复位主控指令。

主控、主控复位指令的功能和目标元件如表 1-11 所示。主控、主控复位指令具有主控标志 N0～N7，其表示嵌套层数，嵌套层数一般小于 8。主控指令的主控标志应从小到大使用，主控复位指令的主控标志应从大到小使用。

表 1-11 主控、主控复位指令

名称、助记符	功能	目标元件
主控指令 MC	将目标元件的常开触点作为线路的主触点，形成主控电路模块	Y、M（不包括特殊辅助继电器）
主控复位指令 MCR	结束主控电路模块	无

主控、主控复位指令的梯形图举例如图 1-25 所示，主控指令嵌套 0 级，使用常开触点 M100 作为主触点，主控指令与主控复位指令之间的程序构成主控电路模块，只有当常开触点 X000 闭合时，主控电路模块中的程序才能执行。

图 1-25   主控、主控复位指令的梯形图举例

【应用举例 3】如图 1-26 所示为电动机星形-三角形降压启动控制主电路。电动机的启动过程：闭合开关 QS 后，使接触器 KM、KM_Y 动作，把电动机主电路接成星形降压

启动；10 s 后，将 KM$_Y$ 释放，接触器 KM$_\triangle$ 动作，把电动机主电路接成三角形，使电动机正常运行。请编写电动机星形-三角形降压启动控制的梯形图。

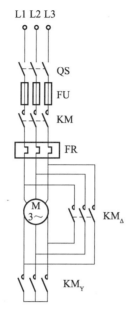

图 1-26　电动机星形-三角形降压启动控制主电路

解：电动机星形-三角形降压启动控制的梯形图如图 1-27 所示。

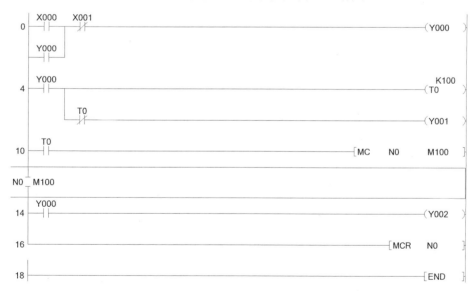

图 1-27　电动机星形-三角形降压启动控制的梯形图

（1）当常开触点 X000 闭合时，线圈 Y000 得电并保持，此时常开触点 Y000 闭合，使 T0 开始计时。同时线圈 Y001 得电，电动机星形降压启动。

（2）在 T0 计时 10 s 后，常闭触点 T0 断开，线圈 Y001 失电。同时，常开触点 T0 闭合，主控指令执行，使常开触点 M100 闭合，线圈 Y002 得电，电动机呈三角形连接，且正常运转。

（3）当常闭触点 X001 断开时，电动机停止运转。

（八）结束指令

结束指令一般位于程序的结尾，若在程序中间插入结束指令，则后续程序就不再执行，直接进行输出处理。另外，在调试程序时可将结束指令插在各程序段后进行分段调试，以便检查和修改程序。在确认程序无误后，再依次删除结束指令。结束指令的功能和梯形图如表 1-12 所示。

表 1-12　结束指令

名称、助记符	功能	梯形图
结束指令 END	程序结束，回到第 0 步	 ───[END]

笔记
_____
_____
_____
_____
_____
_____

任务分析

在掌握了 PLC 编程语言、梯形图的结构及编程规则、PLC 编程的基本操作及 PLC 基本指令等知识后，开始进行两台电动机顺序控制程序设计。

两台电动机顺序控制的电气原理图如图 1-28 所示。图中，M1、M2 为两台电动机，SB1 为紧急停止按钮，SB2 和 SB3 为两个启动开关。两台电动机顺序控制的工作过程：先按下 SB2，M1 启动；再按下 SB3，M2 启动；按下 SB1，M1、M2 同时停止。需要注意的是，如果先按下 SB3，M2 不会先行启动。

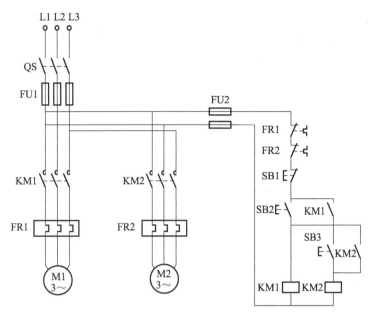

图 1-28　两台电动机顺序控制的电气原理图

完成该任务的主要步骤如下。

（1）根据两台电动机顺序控制的工作过程，进行程序编写。

（2）对编写好的程序进行仿真调试。

（3）将程序下载到 PLC 中，按照 I/O 接线图进行接线，改变 SB1、SB2 和 SB3 的状态，观察电动机的工作状态。

任务实施——两台电动机顺序控制程序设计

1. 程序编写

分析完任务后，首先使用梯形图进行程序编写。

（1）按照两台电动机顺序控制的工作过程分配 I/O 端子，如表 1-13 所示。

表 1-13　两台电动机顺序控制的 I/O 端子分配表

输入			输出		
元件代号	作用	输入端子	元件代号	作用	输出端子
SB1	控制 M1、M2 停止运转	X1	KM1	控制 M1 运转	Y1
SB2	控制 M1 启动	X2	KM2	控制 M2 运转	Y2
SB3	控制 M2 启动	X3			

（2）按照表 1-13 绘制两台电动机顺序控制的 I/O 接线图，如图 1-29 所示。

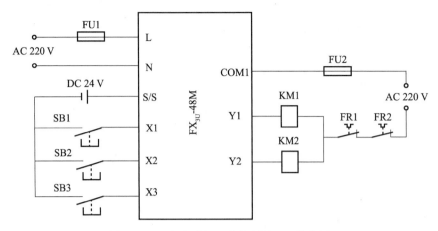

图 1-29　两台电动机顺序控制的 I/O 接线图

经验传承

　　绘制 I/O 接线图时，输入端的电源可使用‖或||表示，||表示漏型连接，‖表示源型连接。通常情况下两者都可以使用，只有在连接三线传感器时应加以区分。

　　（3）根据控制要求和电气原理图，在编程软件中设计两台电动机顺序控制的梯形图，如图 1-30 所示。

```
   X002  X001
0 ──┤├───┤/├──────────────────────────(Y001)
   Y001
  ──┤├──

   X003  Y001  X001
4 ──┤├───┤├───┤/├──────────────────────(Y002)
   Y002
  ──┤├──

9 ──────────────────────────────────[END]
```

图 1-30　两台电动机顺序控制的梯形图

2. **程序仿真调试**

编写好程序后，需要对其进行仿真调试。

（1）将程序从编程软件下载到仿真软件中。

（2）先后改变常开触点 X002、X003 和常闭触点 X001 的状态，观察两个线圈是否得电，判断程序是否符合控制要求。

（3）若程序符合控制要求，则表明程序正确，保存程序即可；若程序不符合控制要求，则应仔细分析，找出原因，重新修改程序，直到程序符合控制要求。

两台电动机顺序控制的程序仿真结果应如图 1-31 所示。

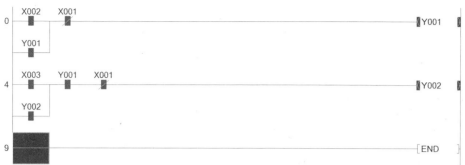

图 1-31　两台电动机顺序控制的程序仿真结果

3．程序运行

调试好程序后，将其下载到 PLC 上，运行程序并实现两台电动机顺序控制。

（1）根据图 1-29 进行 I/O 接线（见图 1-32），并检查有无短路及断路现象。

（2）将运行模式选择开关置于 RUN 位置，使 PLC 进入运行模式。

两台电动机顺序控制
程序运行

（3）先后改变 SB2、SB3 和 SB1 的状态，观察两台电动机是否按顺序启动。结果显示该程序能控制两台电动机按顺序启动。

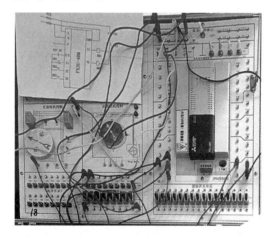

图 1-32　两台电动机顺序控制的 I/O 接线

⚙ 拓展进阶

前面介绍的是两台电动机顺序控制的点动控制，在实际应用中，电动机通常既能点动又能长动。若有两台电动机 M1、M2，在长动状态下启动时，需要 M1 先启动，M2 才能启动；停止时则顺序相反，需要 M2 先停止，M1 才能停止。此外，从安全角度考虑，应设置紧急停止按钮，使 M1、M2 可以同时停止。下面按此要求改进两台电动机顺序控制的程序。

（1）拓展任务分析。改进两台电动机顺序控制的电气原理图如图 1-33 所示。图中，SB1 为紧急停止按钮，SB2 和 SB3 分别为 M1 的长动、点动按钮，SB4 和 SB5 分别为 M2 的长动、点动按钮，SB6 和 SB7 分别为 M1 和 M2 的停止按钮。

改进两台电动机顺序控制的工作过程如下。

① 按下 SB2，M1 长动；按下 SB3，M1 点动；按下 SB4，M2 长动；按下 SB5，M2 点动。

② 长动时，未按下 SB2，先按下 SB4，M2 不会启动。

③ 停止时，未按下 SB7，先按下 SB6，M1 不会停止。

④ 按下 SB1，M1、M2 同时停止。

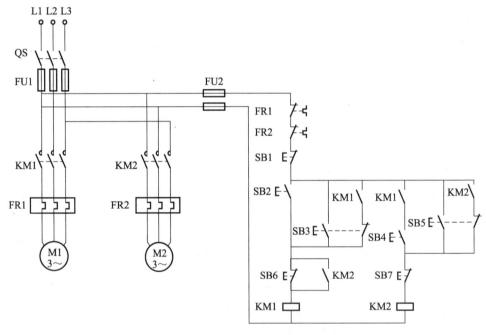

图 1-33 改进两台电动机顺序控制的电气原理图

（2）按照改进的控制要求分配 I/O 端子，如表 1-14 所示。

表 1-14 改进两台电动机顺序控制的 I/O 端子分配表

输入			输出		
元件代号	作用	输入端子	元件代号	作用	输出端子
SB1	控制 M1、M2 同时停止	X1	KM1	控制 M1 运转	Y1
SB2	控制 M1 长动	X2	KM2	控制 M2 运转	Y2

表 1-14（续）

输入			输出		
元件代号	作用	输入端子	元件代号	作用	输出端子
SB3	控制 M1 点动	X3			
SB4	控制 M2 长动	X4			
SB5	控制 M2 点动	X5			
SB6	控制 M1 停止	X6			
SB7	控制 M2 停止	X7			

（3）根据表 1-14 绘制 I/O 接线图，如图 1-34 所示。

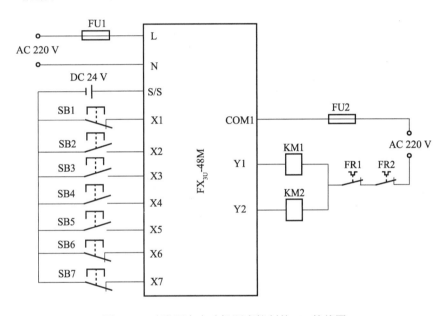

图 1-34　改进两台电动机顺序控制的 I/O 接线图

（4）根据控制要求和电气原理图，在编程软件中设计改进两台电动机顺序控制的梯形图。对于较复杂的编程任务，可以分步进行编程。

步骤 1　为实现工作过程①，可以在长动控制的基础上增加点动控制的功能，M1 的点动、长动结合控制梯形图如图 1-35 所示。

图 1-35　M1 的点动、长动结合控制梯形图

步骤 2 为实现工作过程②，可以将常开触点 X004 和 Y001 串联。这样，只有当图 1-35 中的常开触点 X002 闭合，线圈 Y001 得电时，闭合常开触点 X004，线圈 Y002 才能得电，M2 才能启动。M2 的点动、长动结合控制梯形图如图 1-36 所示。

```
    Y001   X004
5  ─┤├────┤├──────────────────────────────────( Y002 )
    Y002   X005
   ─┤├────┤/├──
    X005
   ─┤├──
```

图 1-36 M2 的点动、长动结合控制梯形图

步骤 3 为实现工作过程③，可以将常闭触点 X006 和 Y002 并联。两台电动机都启动时，相应触点都闭合，即使先断开常闭触点 X006，线圈 Y001 也不会失电，当线圈 Y002 失电时，常开触点 Y002 断开。这时再断开常闭触点 X006，线圈 Y001 才会失电，进而 M1 停止运转。M1 启动和停止的梯形图如图 1-37 所示。

```
    Y001   X003   X006
0  ─┤├────┤/├────┤/├──────────────────────────( Y001 )
    X003         Y002
   ─┤├──         ─┤├──
    X002
   ─┤├──
```

图 1-37 M1 启动和停止的梯形图

步骤 4 为实现工作过程④，只需要将常闭触点 X001 分别与线圈 Y001、Y002 串联即可。

综合以上步骤，得出改进两台电动机顺序控制的梯形图，如图 1-38 所示。

```
    Y001   X003   X006   X001
0  ─┤├────┤/├────┤/├────┤/├────────────────────( Y001 )
    X003         Y002
   ─┤├──         ─┤├──
    X002
   ─┤├──

    Y001   X004   X007   X001
9  ─┤├────┤├────┤/├────┤/├─────────────────────( Y002 )
    Y002   X005
   ─┤├────┤/├──
    X005
   ─┤├──

18 ─┌──┐──────────────────────────────────────[ END ]
    └──┘
```

图 1-38 改进两台电动机顺序控制的梯形图

任务二 水塔水位控制

任务引入

传统的供水系统大多使用水塔、高位水箱或气压罐式增压设备来储水，以保证用户有足够的用水量。水塔水位一般通过电磁阀 Y、水泵电动机 M1 来控制，用电容式液位传感器 S 来检测水位，即分别用 S1 和 S2 来检测水塔的高水位界和低水位界，分别用 S3 和 S4 来检测水池的高水位界和低水位界，如图 1-39 所示。

水塔水位的控制要求：Y 控制水池进水，使水池水位处于 S3 和 S4 之间；M1 从水池向水塔抽水，使水塔水位处于 S1 和 S2 之间。

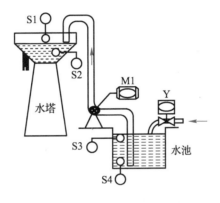

图 1-39 水塔水位控制

本任务将先介绍 PLC 程序的经验设计法、电容式液位传感器，再进行水塔水位控制程序设计。

任务工单

请扫描下方的二维码，获取任务工单。根据任务工单，学生可以课前预习相关知识，课后按步骤进行任务实施，提高操作技能。

一、PLC 程序的经验设计法

经验设计法是在一些典型控制电路的基础上,根据控制系统的控制要求(或工作过程)进行编程,并反复调试的 PLC 程序设计法。这种方法无规律可循,其设计时间、设计质量与设计者的经验有很大的关系。

用经验设计法设计 PLC 程序时大致可以按分析控制要求、分配 I/O 端子、设计执行元件的控制程序、仿真和调试程序这几步来进行。

经验设计法一般适用于设计一些简单控制系统的程序或复杂控制系统的某一局部程序(如手动程序等)。如果它用来设计复杂控制系统的程序,一般存在以下两个问题。

(1)考虑因素多、设计麻烦、设计周期长。当用经验设计法设计复杂控制系统的程序时,要用大量的中间元件来完成自锁、互锁等功能,需要考虑的因素很多,分析起来非常困难,并且很容易遗漏一些问题。修改某一局部程序时,很可能会对控制系统其他部分程序产生影响,往往花费了很多时间,还得不到一个满意的结果。

(2)程序的可读性差、系统维护困难。用经验设计法设计的程序是按设计者的经验和习惯的思路进行设计的,程序的可读性差。因此,维修人员分析程序较困难,这会给 PLC 系统的维护和改进带来许多困难。

二、电容式液位传感器

电容式液位传感器是一种利用被测介质表面的变化引起电容变化的变介质型传感器。该传感器可以安装在绝缘容器外壁,并使用紧贴外壁的方式进行安装,以精准感应到内部液体的变化,实现准确的液位检测。测量时,它可看作"刺进"盛液容器的一根金属棒,作为电容的一个电极,容器壁作为电容的另一电极,两电极间的介质即为被测液体,如图 1-40 所示。电容式液位传感器两电极间的介电常数(即电容)随液体液位的升高(降低)而增大(减小)。

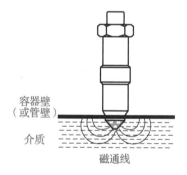

图 1-40 电容式液位传感器
测量原理图

电容式液位传感器可以测量各种液体,如水(污水/净水)、饮料、植物营养液及强酸强碱液体等。它广泛应用于饮水机、洗手液器、加湿器、咖啡机、医疗器械等设备中。

📋 笔 记

任务分析

在掌握了 PLC 程序的经验设计法、电容式液位传感器等知识后，开始进行水塔水位控制程序设计。

水塔水位控制的工作过程：按下启动按钮 SB1，启动水塔水位控制；当水池水位低于低水位界（S4 断开）时，Y 打开，水池进水；当水池水位高于高水位界（S3 接通）时，Y 关闭；当水池水位高于低水位界（S4 接通），且水塔水位低于低水位界（S2 断开）时，M1 运转并抽水；当水塔水位高于高水位界（S1 接通）时，M1 停止运转；按下停止按钮SB2，使水塔水位控制停止。

完成该任务的主要步骤如下。

（1）根据水塔水位控制的工作过程，进行程序编写。

（2）对编写好的程序进行仿真调试。

（3）将程序下载到 PLC 中，按照 I/O 接线图进行接线，改变 SB1、SB2、S1～S4 的状态，观察电磁阀和水泵电动机的工作状态。

任务实施——水塔水位控制程序设计

1．程序编写

分析完任务后，首先使用梯形图进行程序编写。

（1）按照水塔水位控制的工作过程分配 I/O 端子，如表 1-15 所示。水泵电动机 M1 由接触器 KM 控制。

表 1-15　水塔水位控制的 I/O 端子分配表

输入			输出		
元件代号	作用	输入端子	元件代号	作用	输出端子
SB1	启动水塔水位控制	X0	Y	控制水池进水	Y0
S1	检测水塔高水位界	X1	KM	控制水泵抽水	Y1
S2	检测水塔低水位界	X2			
S3	检测水池高水位界	X3			
S4	检测水池低水位界	X4			
SB2	使水塔水位控制停止	X5			

（2）按照表 1-15 绘制水塔水位控制的 I/O 接线图，如图 1-41 所示。

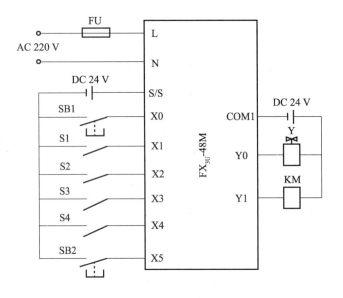

图 1-41 水塔水位控制的 I/O 接线图

（3）根据控制要求，在编程软件中设计水塔水位控制的梯形图，如图 1-42 所示。

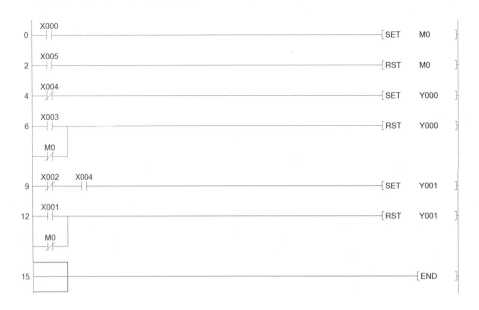

图 1-42 水塔水位控制的梯形图

2. 程序仿真调试

编写好程序后，需要对其进行仿真调试。

（1）将程序从编程软件下载到仿真软件中。

（2）改变常开触点 X000～X005 的状态，观察两个线圈是否得电，判断程序是否符合控制要求。

（3）若程序符合控制要求，则表明程序正确，保存程序即可；若程序不符合控制要求，则应仔细分析，找出原因，重新修改程序，直到程序符合控制要求。

当常开触点 X000 闭合时，水塔水位控制的程序仿真结果应如图 1-43 所示。

图 1-43　水塔水位控制的程序仿真结果

3．程序运行

调试好程序后，将其下载到 PLC 上，运行程序并实现水塔水位控制。

（1）根据图 1-41 进行 I/O 接线（见图 1-44），并检查有无短路及断路现象。

（2）将运行模式选择开关置于 RUN 位置，使 PLC 进入运行模式。

（3）改变 SB1、SB2、S1～S4 的状态，观察电磁阀和水泵电动机是否按要求打开和关闭。结果显示该程序能进行水塔水位控制。

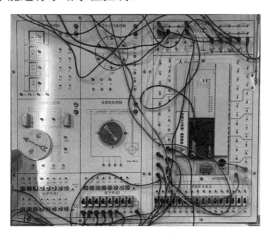

水塔水位控制程序运行

图 1-44　水塔水位控制的 I/O 接线

拓展进阶

在实际水塔水位控制中，为防止水塔高水位界的电容式液位传感器损坏，导致水溢出，造成浪费，常在任务实施控制要求的基础上，要求水泵运行 60 s 后自动停止。下面按此要求改进水塔水位控制的程序。

（1）拓展任务分析。改进水塔水位控制的工作过程：按下 SB1，启动水塔水位控制；S4 断开，Y 打开；S3 接通，Y 关闭；S2 断开，S4 接通，M1 运转；60 s 后或 S1 接通时，M1 停止运转；按下 SB2，使水塔水位控制停止。

（2）改进水塔水位控制的 I/O 端子分配表及 I/O 接线图，与任务实施一致，在此不再赘述。

（3）根据工作过程，在编程软件中设计改进水塔水位控制的梯形图，如图 1-45 所示。

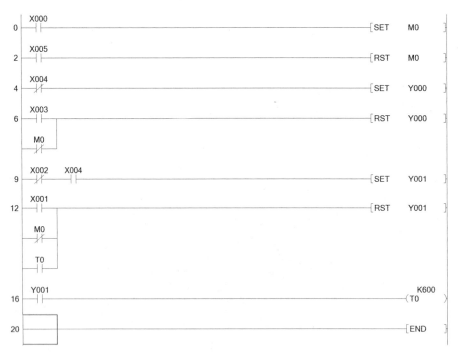

图 1-45　改进水塔水位控制的梯形图

任务三 电动机正反转控制

任务引入

往复运动在实际工业控制领域应用中很常见，如高铁列车的正反向运行、电梯的上升和下降、自动门的开和关、数控车床工作台的进给和退刀等，这些运动通常是由电动机正反转控制的。电动机正反转带动传送带运动，如图1-46所示。电动机正反转的控制要求：当按下正转启动按钮时，电动机按顺时针方向运转（正转），并带动传送带向右移动；当按下反转启动按钮时，电

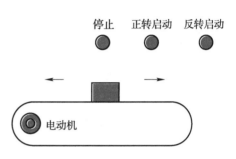

图1-46 电动机正反转控制示意图

动机按逆时针方向运转（反转），并带动传送带向左移动；当按下停止按钮时，电动机停止运转。

本任务将先介绍输入继电器、输出继电器、辅助继电器、状态继电器、数据寄存器、PLC的自锁和互锁控制等知识，再进行电动机正反转控制程序设计。

任务工单

请扫描下方的二维码，获取任务工单。根据任务工单，学生可以课前预习相关知识，课后按步骤进行任务实施，提高操作技能。

PLC内部具有不同功能的元件，这些元件并不是完全由实际的元件组成的，而是由电子电路和寄存器组成的，通常将这些元件称为软元件。例如，输入继电器由输入电路和输入映像寄存器组成，输出继电器由输出电路和输出映像寄存器组成。

三菱FX_{3U}系列PLC软元件的编号分为两部分：第一部分是代表功能的字母；第二部分是代表该类软元件序号的数字。输入继电器和输出继电器的序号是八进制的，其余软元件的序号是十进制的。从软元件的最大序号可以知道PLC可能具有的某类软元件的最大数量。

PLC的软元件分为位元件和字元件两类。位元件只有ON和OFF两种状态，它们分

别用"1"和"0"表示，如输入继电器、输出继电器、辅助继电器、状态继电器等。字元件是处理数据的元件，如数据寄存器、定时器和计数器等。本任务主要介绍输入继电器、输出继电器、辅助继电器、状态继电器和数据寄存器，定时器和计数器将在项目二中介绍。

一、输入继电器

输入继电器是 PLC 接收外部开关量信号的唯一窗口。PLC 将输入信号的状态读入后，存储在对应的输入继电器中。外部组件接通时，对应输入继电器的状态为 ON，也就是"1"，它表示输入继电器的常开触点闭合，常闭触点断开。输入继电器的状态取决于外部输入信号，不受用户程序的控制，因此在梯形图中不能出现输入继电器的线圈。

三菱 FX$_{3U}$ 系列 PLC 的输入继电器用字母 X 和八进制数字表示，其编号与输入端子一致。不带扩展模块时，输入点数可以达到 64；带上扩展模块时，输入点数可以达到 248。

经验传承

输入继电器通过光电耦合器与输入端子相隔离，其常开、常闭触点可以无数次地反复使用。

二、输出继电器

输出继电器是 PLC 向外部负载发送控制信号的唯一窗口。它将输出信号传递给输出接口，再由输出接口传递给外部负载。输出继电器的线圈由用户程序控制，一般只能使用一次。其常开、常闭触点供内部程序使用，使用次数不受限制。

三菱 FX$_{3U}$ 系列 PLC 的输出继电器用字母 Y 和八进制数字表示，其编号与输出端子一致。输出点数的情况与输入点数相同。

经验传承

通常情况下，I/O 点数之和不能超过 256，如果连接 CC-Link 远程 I/O 模块，I/O 点数之和则可以达到 384。

三、辅助继电器

辅助继电器相当于继电-接触器控制装置的中间继电器，它用于存储程序的中间状态或其他信息。它与外部没有联系，只能在程序内部使用，不能直接驱动外部负载。和输出继电器一样，辅助继电器的线圈由用户程序控制，一般只能使用一次。其常开、常闭

触点供内部程序使用，使用次数不受限制。

辅助继电器采用十进制数字进行编号，它包括通用辅助继电器、断电保持辅助继电器、特殊辅助继电器3类。

（一）通用辅助继电器

通用辅助继电器的功能与普通的中间继电器类似，它没有断电保持功能。当其线圈得电时，如果突然停电，线圈就会失电，再次来电时，线圈仍然失电。通用辅助继电器的编号为M0～M499，共500点。

【应用举例】使用通用辅助继电器设计用单按钮控制两盏灯的程序，其控制要求如下。

（1）第一次按下按钮SB1，灯L1亮。

（2）第二次按下按钮SB1，灯L2亮。

（3）第三次按下按钮SB1，灯L1、L2全部熄灭。

解：首先根据其控制要求设计I/O端子分配表，如表1-16所示。

表1-16　用单按钮控制两个灯的I/O端子分配表

输入			输出		
元件代号	作用	输入端子	元件代号	作用	输出端子
SB1	点亮、熄灭L1、L2	X0	L1	表示指示灯1	Y0
			L2	表示指示灯2	Y1

然后，根据控制要求和I/O端子分配表设计梯形图，如图1-47所示。由于每次按下按钮的控制要求都不同，因此可以通过上升沿脉冲输出指令、通用辅助继电器M0和M1，来控制每次按下按钮的作用。

图1-47　用单按钮控制两个灯的梯形图

（二）断电保持辅助继电器

断电保持辅助继电器具有断电保持功能，当线圈得电时如果突然断电，它借助 PLC 内部的备用电源或带电可擦可编程只读存储器（EEPROM），仍然可以使程序保持断电之前的状态。

断电保持辅助继电器的编号为 M500～M7679，共计 7 180 点。断电保持辅助继电器包括可变型、固定型两类。可变型的编号为 M500～M1023，共 524 点，其可以通过参数的设置变为通用辅助继电器；固定型的编号为 M1024～M7679，共 6 656 点，其为专用的断电保持继电器。

 知识链接

EEPROM 是一种断电后数据不丢失的存储芯片，可以在电脑上或专用设备上擦除已有信息，重新编程。

（三）特殊辅助继电器

特殊辅助继电器的功能有表示 PLC 的某些状态、提供时钟脉冲和标志（如进位、借位标志）、设定 PLC 的运行方式、控制步进顺序、禁止中断、设定计数器的模式（包括加计数和减计数）等。特殊辅助继电器的编号为 M8000～M8511，共 512 点。特殊辅助继电器一般包括触点型和线圈驱动型两类。

1. 触点型特殊辅助继电器

触点型特殊辅助继电器的线圈是由 PLC 的系统程序来驱动的，在用户程序中可直接使用其触点，但是不能出现它们的线圈。常用的触点型特殊辅助继电器如下。

（1）M8000：表示运行监视，当 PLC 运行时，其线圈得电。

（2）M8001：表示运行监视，当 PLC 运行时，其线圈失电。

（3）M8002：表示初始化脉冲，其线圈仅在 PLC 开始运行的第一个扫描周期得电，常开触点可以使有断电保持功能的软元件初始化或给它们设置初始值。

（4）M8003：表示初始化脉冲，其线圈仅在 PLC 开始运行的第一个扫描周期失电。

（5）M8004：表示有错误发生，当发现程序错误时，其线圈得电。

（6）M8005：表示电源电压过低，当电源电压过低时，其线圈得电，常开触点可以驱动输出继电器和外部指示灯，提醒工作人员更换电源。

（7）M8011、M8012、M8013、M8014：分别表示 10 ms、100 ms、1 s 和 1 min 的时钟脉冲。

（8）M8020：表示零标志，当运算结果为 0 时，其线圈得电。

（9）M8021：表示借位标志，当减法运算发生借位时，其线圈得电。

（10）M8022：表示进位标志，当加法运算或移位操作发生进位时，其线圈得电。

（11）M8067：表示运算错误，当运算结果错误时，其线圈得电。

2．线圈驱动型特殊辅助继电器

线圈驱动型特殊辅助继电器的线圈由用户程序驱动，可使 PLC 执行特定的操作，但不在用户程序中使用其触点。常用的线圈驱动型特殊辅助继电器如下。

（1）M8030：其线圈得电后，BATT 指示灯熄灭。

（2）M8033：其线圈得电且 PLC 停止运行后，所有输出继电器的状态保持不变。

（3）M8034：其线圈得电后，禁止所有输出。

（4）M8039：其线圈得电后，PLC 以 D8039 中指定的扫描周期工作。

（5）M8040：其线圈得电后，禁止继电器状态转移。

四、状态继电器

状态继电器又称顺序控制继电器，常用于顺序控制或步进控制，并与步进指令配合使用来实现对顺序控制或步进控制的编程。和辅助继电器一样，状态继电器有无数个常开、常闭触点，且使用次数不限。当状态继电器不与步进指令配合使用时，可作为辅助继电器。状态继电器的符号为 S，编号为 S0～S999，共 1 000 点。其中，S0～S499 没有断电保持功能，但可以通过程序设置，具有断电保持功能。

五、数据寄存器

数据寄存器用于寄存各种数据，其符号为 D。在三菱 FX$_{3U}$ 系列 PLC 中，每一个数据寄存器都能寄存 16 位的二进制数据，两个数据寄存器合并起来能寄存 32 位的二进制数据。数据寄存器包括通用数据寄存器、断电保持数据寄存器、断电保持专用数据寄存器、特殊数据寄存器和变址寄存器五类。

 **各抒己见**

数据寄存器寄存数据的最高位必须为符号位，0 表示正号，1 表示负号。那么，16 位数据寄存器能寄存数据的范围是多少？

（一）通用数据寄存器

在默认状态下，通用数据寄存器中的数据为 0。在通用数据寄存器中，若不写入新的数据，已写入的数据一般不会发生变化。通用数据寄存器一般不具有断电保持功能，即一旦 PLC 由运行状态转为停止状态，通用数据寄存器中的各种数据将全部清零。但当 M8033 线圈得电时，通用数据寄存器将具有断电保持功能。通用数据寄存器的编号为 D0～D199，共 200 点。

（二）断电保持数据寄存器

断电保持数据寄存器的功能与通用数据寄存器类似，不同的是，在默认状态下，前者具有断电保持功能，但通过参数设置，可将其改为断电不保持。断电保持数据寄存器的编号为 D200～D511，共 312 点，其中 D490～D509 可用于通信。

（三）断电保持专用数据寄存器

断电保持专用数据寄存器的断电保持功能，不能通过参数设置进行改变。其编号为 D512～D7999，共 7 488 点。其中，D1000～D7999 可通过参数设置，以 500 点为单位作为文件寄存器。文件寄存器是 PLC 存储器内的一个存储区，通过外部设备接口写入数据，不能通过用户程序写入数据。

经验传承

当使用断电保持数据寄存器和断电保持专用数据寄存器进行编程时，需要在起始步使用复位指令将其数据清零。

（四）特殊数据寄存器

特殊数据寄存器又称专用资料寄存器，用来存放特定的数据，如 PLC 的运行状态信息、时钟数据、错误信息、功能指令数据等。它包括两种：一种是用户只能读取其数据，不能改写其数据；另一种是用户可以改写其数据。特殊数据寄存器在接通时会被置初始值（一般先清零，然后由系统 ROM 写入）。特殊数据寄存器的编号为 D8000～D8511，共 512 点。

各抒己见

存储器和寄存器虽然名称类似，但它们是两个不同的元件。查阅资料，说一说存储器和寄存器的区别。

（五）变址寄存器

变址寄存器是具有特殊用途的数据寄存器，可以用于数据的读写，但主要用于目标元件地址的修改，在传送指令、比较指令中用来改变目标元件的地址。三菱 FX$_{3U}$ 系列 PLC 具有 16 个变址寄存器，用符号 V 或 Z 表示，编号为 V0～V7、Z0～Z7。当进行 32 位数据操作时，V、Z 自动组合，这时 Z 为低 16 位，而 V 为高 16 位。

在梯形图中，变址寄存器通常放在各种寄存器的后面（如 D0Z1），充当目标元件地址的偏移量。目标元件的实际地址就是其他寄存器的当前值和变址寄存器中的数据相加后的和。可以用变址寄存器进行变址的软元件有 X、Y、M、S、P、T、C、D 等。

（1）三菱 FX_{0N} 和 FX_{0S} 系列 PLC 只有两个变址寄存器 V 和 Z。

（2）P 表示指针。

六、PLC 的自锁和互锁控制

（一）自锁控制

自锁控制是指利用线圈的常开触点保持线圈自身的通电状态。自锁控制电路又称启保停电路，包括断开优先式和启动优先式两类。

1. 断开优先式自锁控制

断开优先式自锁控制是将常开触点 X001 和 Y000 并联，再与常闭触点 X002 串联，其梯形图如图 1-48 所示。断开优先式自锁控制的工作过程为，当常开触点 X001 闭合时，线圈 Y000 得电，常开触点 Y000 闭合，即使常开触点 X001 断开，线圈 Y000 也继续得电，进而实现自锁；当常闭触点 X002 断开时，无论常开触点 X001 闭合还是断开，线圈 Y000 均不能得电，自锁控制断开，因此得名断开优先式自锁控制。

图 1-48　断开优先式自锁控制梯形图

2. 启动优先式自锁控制

启动优先式自锁控制是将常开触点 Y000 与常闭触点 X002 串联，再与常开触点 X001 并联，其梯形图如图 1-49 所示。启动优先式自锁控制的工作过程与断开优先式自锁控制相同。不同的是，当常开触点 X001 闭合时，无论常闭触点 X002 闭合还是断开，线圈 Y000 均得电，自锁控制启动，因此得名启动优先式自锁控制。

图 1-49　启动优先式自锁控制梯形图

（二）互锁控制

互锁控制主要是为保证电器安全运行而设置的，由两个接触器互相控制而形成。两个接触器互锁控制的具体形式为，将一个接触器的常闭触点接入另一个接触器的线圈来控制电路。这样，一个接触器线圈得电，常闭触点断开，另一个接触器线圈就不可能形成闭合回路。两个接触器互锁的示意图如图 1-50 所示。

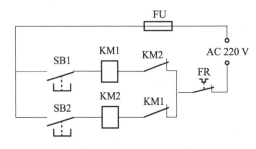

图 1-50　两个接触器互锁的示意图

通过三菱 FX$_{3U}$ 系列 PLC 设计互锁控制的梯形图时，为了进一步保障系统运行，可以利用"同一符号的常开、常闭触点存在严格的非关系"这一特点，互锁控制梯形图如图 1-51 所示。当常开触点 X000 闭合时，线圈 Y000 得电，而常闭触点 X000 断开时，即使常开触点 X001 闭合，线圈 Y001 也不会得电；常开触点 X001 也具有同样的原理。这样，就实现了互锁控制。

图 1-51　互锁控制梯形图

任务分析

在掌握了输入继电器、输出继电器、辅助继电器、状态继电器、数据寄存器、PLC 的自锁和互锁控制等知识后，开始进行电动机正反转控制程序设计。

从电动机的工作原理可知，电动机的旋转方向取决于定子磁场的旋转方向。因此只要改变定子磁场的旋转方向，就能使电动机反转。可对调三相电源线中的任意两相，来改变定子磁场的旋转方向，使电动机反转。此外，为保证电动机安全运行，正转和反转不能同时进行，必须设计自锁和互锁。

电动机正反转控制的电气原理图如图 1-52 所示。图中，SB1 为正转启动按钮，SB2 为反转启动按钮，SB3 为停止按钮。电动机正反转控制的工作过程：按下 SB1，电动机正转并实现自锁和互锁；按下 SB2，电动机反转并实现自锁和互锁；按下 SB3，电动机停止运转。当改变电动机的转向时，必须先按下 SB3，使电动机停止运转。

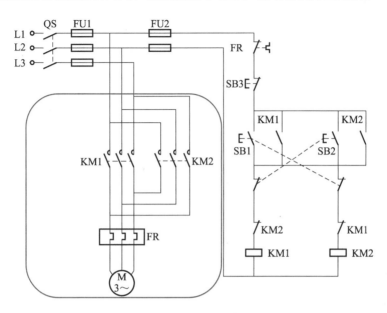

图 1-52　电动机正反转控制的电气原理图

完成该任务的主要步骤如下。

（1）根据电动机正反转控制的工作过程，进行程序编写。

（2）对编写好的程序进行仿真调试。

（3）将程序下载到 PLC 中，按照 I/O 接线图进行接线，先后改变 SB1、SB3 和 SB2 的状态，观察电动机的工作状态。

 任务实施——电动机正反转控制程序设计

1．程序编写

分析完任务后，首先使用梯形图进行程序编写。

（1）按照电动机正反转控制的工作过程分配 I/O 端子，如表 1-17 所示。

表 1-17　电动机正反转控制的 I/O 端子分配表

输入			输出		
元件代号	作用	输入端子	元件代号	作用	输出端子
SB1	控制电动机正转启动	X0	KM1	控制电动机正转	Y0
SB2	控制电动机反转启动	X1	KM2	控制电动机反转	Y1
SB3	控制电动机停止运转	X2			

（2）按照表 1-17 绘制电动机正反转控制的 I/O 接线图，如图 1-53 所示。

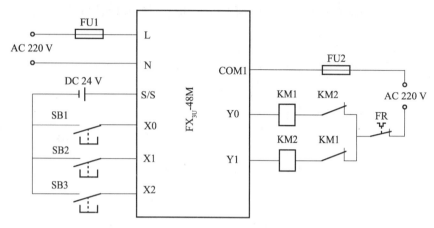

图 1-53　电动机正反转控制的 I/O 接线图

（3）根据控制要求和电气原理图，在编程软件中设计电动机正反转控制的梯形图，如图 1-54 所示。

图 1-54　电动机正反转控制的梯形图

2．程序仿真调试

编写好程序后，需要对其进行仿真调试。

（1）将程序从编程软件下载到仿真软件中。

（2）先后改变常开触点 X000、X002、X001 的状态，观察两个线圈是否得电和失电，判断程序是否符合控制要求。

（3）若程序符合控制要求，则表明程序正确，保存程序即可；若程序不符合控制要求，则应仔细分析，找出原因，重新修改程序，直到程序符合控制要求。

电动机正反转控制的程序仿真结果应如图 1-55 所示。

（a）改变常开触点 X000 的状态

（b）改变常开触点 X002 的状态

（c）改变常开触点 X001 的状态

图 1-55 电动机正反转控制的程序仿真结果

3．程序运行

调试好程序后，将其下载到 PLC 上，运行程序并实现电动机正反转控制。

（1）根据图 1-53 进行 I/O 接线（见图 1-56），并检查有无短路及断路现象。

（2）将运行模式选择开关置于 RUN 位置，使 PLC 进入运行模式。

（3）先后改变 SB1、SB3 和 SB2 的状态，观察电动机是否能正反转。结果显示该程序能控制电动机正反转。

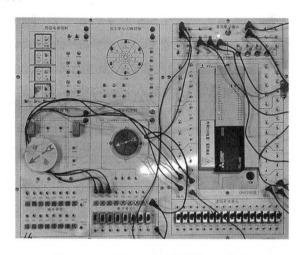

图 1-56　电动机正反转控制的 I/O 接线

 拓展进阶

前面我们设计的电动机正反转控制是通过按钮来手动控制的，在实际生产中，常需要电动机同时实现手动和自动控制正反转的变换，自动控制正反转可以借助行程开关来实现。

导轨磨床工作台自动往返控制就是借助行程开关实现的，自动往返的控制要求：按下启动按钮，电动机正转，导轨磨床工作台前进；其前进一定距离后遇到行程开关，使行程开关闭合，电动机停止正转并开始反转，导轨磨床工作台后退；其后退到一定距离后遇到另一个行程开关，电动机停止反转并开始正转，导轨磨床工作台前进……电动机如此循环正反转；按下停止按钮，电动机停止运转。下面按此控制要求进行导轨磨床工作台自动往返控制程序的编写。

 知识链接

　　行程开关又称限位开关或位置开关，它可以完成行程控制或限位保护。其作用与按钮相同，只是其触点的动作不是靠手指按压的手动操作，而是利用生产机械某些运动部件上的挡块碰撞或碰压使触点动作，进而接通或断开某些电路并实现一定的控制要求。

（1）拓展任务分析。导轨磨床工作台自动往返控制的电气原理图如图 1-57 所示。图中，SB1 和 SB2 分别为电动机的正反转启动按钮，SB3 为停止按钮，SQ1 和 SQ2 分别为用于正反转变换和反正转变换的行程开关。

导轨磨床工作台自动往返控制的工作过程如下。

① 按下 SB1，电动机正转。

② 按下 SB2，电动机反转；遇到 SQ1，电动机反转；遇到 SQ2，电动机正转。

③ 按下 SB3，电动机停止运转。

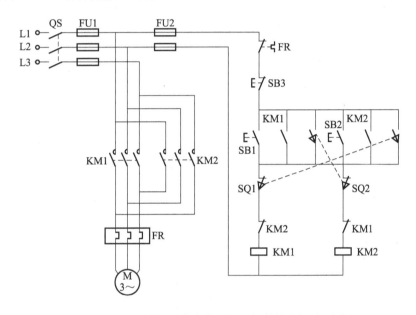

图 1-57　导轨磨床工作台自动往返控制的电气原理图

（2）按照导轨磨床工作台自动往返控制的工作过程分配 I/O 端子，如表 1-18 所示。

表 1-18　导轨磨床工作台自动往返控制的 I/O 端子分配表

输入			输出		
元件代号	作用	输入端子	元件代号	作用	输出端子
SB1	控制电动机正转启动	X0	KM1	控制电动机正转	Y0
SB2	控制电动机反转启动	X1	KM2	控制电动机反转	Y1
SB3	控制电动机停止运转	X2			
SQ1	控制电动机由正转变为反转	X3			
SQ2	控制电动机由反转变为正转	X4			

（3）根据表 1-18 绘制 I/O 接线图，如图 1-58 所示。

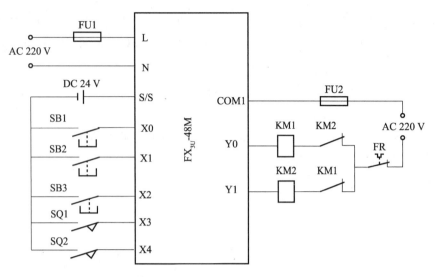

图 1-58　导轨磨床工作台自动往返控制的 I/O 接线图

（4）根据控制要求和电气原理图，在编程软件中设计导轨磨床工作台自动往返控制的梯形图，如图 1-59 所示。

图 1-59　导轨磨床工作台自动往返控制的梯形图

用智慧保障"水脉"稳定，用匠心固守"水脉"安全

　　广西农投水务集团有限公司（简称广农水务集团）聚焦主业主责，把准县域"水脉"，提升供水保障，源源不断为千家万户送去优质水、安全水、放心水。广农水务集团用智慧保障"水脉"稳定，用匠心固守"水脉"安全。

　　广农水务集团依托智慧水务平台，实现从"水源头"到"水龙头"的过程监控，可快速知晓异常指标，及时解决供水流程、工艺运行异常问题，有效实现供水资源的优化配置和管理，最终确保地方供水的稳定性和经济性。

广农水务集团还开展了城中和城西水厂的集中远程控制系统技改工程，通过新建两套 PLC 控制站，实时监控取水流量、水质浊度和加药罐矾液存量，对城中水厂絮凝剂进行自动配料、自动投加。"以前我们依靠人工判断水质浊度，会存在不同程度的误差，现在有了 PLC 控制站，就可以实现数字化控制，24 h 监控水质浊度自动调配药剂，使供水的安全性和稳定性明显提升。"厂长如是说。

目前，广农水务集团所属 22 家供水企业在优化设施改造、管网漏损管理、合理调配供水等方面制订了百余项精细化措施，坚持生产技术创新，完成节能降耗技改提升工作 34 项，千吨水能耗同比降低 11.43%。该集团主动围绕地方城镇发展规划做好水网布局，累计完成管网改扩建 281.5 km，管网漏失率有效下降 0.51%，供水管理水平和保障能力得到进一步提升。

（资料来源：古欣然，《广农水务集团：把准"水脉" 源源"农水"润万家》，

人民网，2024 年 3 月 6 日）

项目考核

1．填空题

（1）PLS 在输入信号_____产生一个扫描周期的脉冲输出。

（2）SET 表示_____。

（3）三菱 FX_{3U} 系列 PLC 的输入继电器由字母_____和_____进制数字表示，输出继电器由字母_____和 _____进制数字表示。

（4）特殊辅助继电器_____是 100 ms 的时钟脉冲。

（5）D0 是_____位数据寄存器。

2．选择题

（1）国内外 PLC 各生产厂家都把（   ）作为第一编程语言。

    A．梯形图　　　　　B．指令表　　　　　C．顺序功能图　　　　　D．C 语言

（2）以下用于单个常开触点串联的指令是（   ）。

    A．AND　　　　　B．ANI　　　　　C．ANB　　　　　D．ANN

（3）M8013 是（   ）的输出脉冲。

    A．1 ms　　　　　B．10 ms　　　　　C．100 ms　　　　　D．1 s

（4）M8034 有（   ）功能。

    A．置位　　　　　B．复位　　　　　C．全输出禁止　　　　　D．初始化

（5）不能受用户程序驱动的是（　　）。

　　A．输入继电器　　　　B．输出继电器　　　　C．辅助继电器　　　　D．状态继电器

3．设计分析题

（1）如图 1-60 所示为电动机星形-三角形降压启动控制的电气原理图，电动机的启动过程：闭合启动按钮 SB2 后，使接触器 KM1、KM3 动作把电动机接成星形降压启动。经过 10 s 延时后，电动机 KM2 动作，主电路换成三角形连接，电动机正常运行。请写出 I/O 端子分配表，并绘制 I/O 接线图。

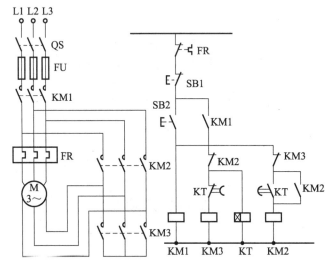

图 1-60　电动机星形-三角形降压启动控制的电气原理图

（2）使用经验设计法编写两个电动机 M1 和 M2 相互协调工作的梯形图，其控制要求：M1 运转 10 s，停止运转 5 s；M1 运转时，M2 停止运转，M1 停止运转时，M2 运转；如此反复 4 次，M1 和 M2 均停止运转。

项目评价

指导教师根据学生的实际学习成果进行评价，学生配合指导教师共同完成学习成果评价表，如表 1-19 所示。

表 1-19 学习成果评价表

班级		组号		日期	
姓名		学号		指导教师	
评价项目	评价内容			满分/分	评分/分
知识（40%）	PLC 编程语言			5	
	PLC 梯形图的结构及编程规则			5	
	PLC 编程的基本操作			5	
	PLC 基本指令			5	
	PLC 程序的经验设计法、电容式液位传感器			5	
	输入继电器、输出继电器、辅助继电器、状态继电器及数据寄存器			10	
	PLC 的自锁和互锁控制			5	
技能（40%）	能够完成两台电动机顺序控制程序设计			10	
	能够完成改进两台电动机顺序控制程序设计			3	
	能够完成水塔水位控制程序设计			10	
	能够完成改进水塔水位控制程序设计			3	
	能够完成电动机正反转控制程序设计			10	
	能够完成导轨磨床工作台控制程序设计			4	
素质（20%）	积极参加教学活动，主动学习、思考、讨论			5	
	认真负责，按时完成学习、训练任务			5	
	团结协作，与组员之间密切配合			5	
	服从指挥，遵守课堂纪律			5	
合计				100	
自我评价					
指导教师评价					

项目二

PLC 定时器和计数器的应用

项目导读

在三菱 FX$_{3U}$ 系列 PLC 中，定时器和计数器是字元件。定时器具有延时的功能，计数器具有对事件进行计数的功能。应用定时器和计数器可使设备自动循环工作，定时器和计数器可用于多级传送带、装饰灯循环点亮、客流量统计、三色警示灯等的控制。

本项目在介绍 PLC 定时器和计数器相关知识的基础上，实现 4 级传送带控制和三色警示灯控制程序设计。

知识目标

✦ 掌握通用型定时器和积算型定时器。
✦ 掌握 16 位加计数器和 32 位加/减计数器。

技能目标

✦ 能够完成 4 级传送带控制程序设计。
✦ 能够完成三色警示灯控制程序设计。

素质目标

✦ 提高时间管理和任务执行的能力。
✦ 培养不惧挑战、勇于创新、不畏艰辛的工匠精神。

任务一　4 级传送带控制

任务引入

多级传送带具有结构简单、输送距离远、运行平稳等优点，并可以根据需要改变物料传送方向，甚至实现上、下坡输送，且能容易地实现程序化控制和自动化操作。多级传送带通常用于一些碎散材料和小型物品的输送，在煤炭、采砂、食品、物流等领域广泛应用。

如图 2-1 所示为 4 级传送带，其用 4 台电动机 M1～M4 带动，控制要求：按下启动按钮，M1 先启动，经过 5 s，M2 再启动，依此类推，每隔 5 s 启动一台电动机；按下停止按钮，M1～M4 同时停止运转。

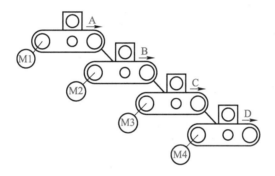

图 2-1　4 级传送带

本任务先介绍通用型定时器和积算型定时器，再进行 4 级传送带控制程序设计。

任务工单

请扫描下方的二维码，获取任务工单。根据任务工单，学生可以课前预习相关知识，课后按步骤进行任务实施，提高操作技能。

在 PLC 中，对于有一定时间间隔要求、顺序控制的系统，可以采用定时器来进行程序设计。定时器与继电-接触器控制装置中的时间继电器类似，用 T 表示。

使用定时器时，需要为其输入一个设定值，可以将常数 K 或数据寄存器 D 中的值作为定时器的设定值。程序中的执行条件使定时线圈通电时，定时器才开始定时。三菱 FX_{3U} 系列 PLC 的定时器包括通用型和积算型两类。

时间继电器是一种利用电磁原理或机械动作原理来延迟触点动作的自动控制器件，其可作为简单程序控制中的一种执行器件。它接收了启动信号后开始计时，计时结束后它的触点进行开或合的动作，从而推动后续的电路工作。一般来说，时间继电器的延时性能在设计范围内是可以调节的，从而方便调整延时时间的长短。

一、通用型定时器

通用型定时器是从线圈得电开始计时的，其触点延时动作，断电自动复位。通用型定时器包括 100 ms 和 10 ms 两类，100 ms 通用型定时器的编号为 T0～T199，共 200 点，定时范围为 0.1～3 276.7 s；10 ms 通用型定时器的编号为 T200～T245，共 46 点，定时范围为 0.01～327.67 s。

使用定时器 T0 定时 2 s 的梯形图和时序图如图 2-2 所示。由于 T0 是 100 ms 通用型定时器，K = 20，因此 T0 的定时时间为 $100 \times 20 = 2\,000\,(\text{ms}) = 2\,(\text{s})$。当常开触点 X000 闭合时，T0 开始计时，2 s 后，常开触点 T0 闭合，线圈 Y000 得电。当常开触点 X000 断开时，T0 复位，常开触点 T0 断开，线圈 Y000 失电。

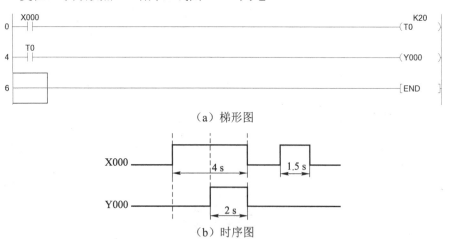

图 2-2　使用定时器 T0 定时 2 s 的梯形图和时序图

【应用举例 1】有一组装饰灯（见图 2-3），其控制要求：按下启动按钮 SB1 后，各灯按 L1→L2→L3→L4→L5 的顺序点亮（两盏灯点亮的时间间隔为 0.5 s），然后保持全亮，直到按下停止按钮 SB2，5 盏灯全部熄灭。请按以上控制要求分配 I/O 端子、编写梯形图。

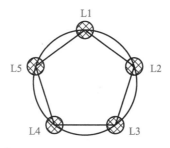

图 2-3　装饰灯

解：（1）按照装饰灯的控制要求分配 I/O 端子，如表 2-1 所示。

表 2-1　装饰灯控制的 I/O 端子分配表

输入			输出		
元件代号	作用	输入端子	元件代号	作用	输出端子
SB1	点亮装饰灯	X1	L1～L5	控制装饰灯	Y1～Y5
SB2	熄灭装饰灯	X2			

（2）编写装饰灯控制的梯形图，如图 2-4 所示。当常开触点 X001 闭合时，线圈 Y001 得电，L1 点亮，同时 T1 开始计时，0.5 s 后，常开触点 T1 闭合，线圈 Y002 得电，L2 点亮，依此类推，L3、L4、L5 按顺序每隔 0.5 s 点亮。当常闭触点 X002 断开时，所有线圈都失电，所有灯都熄灭。

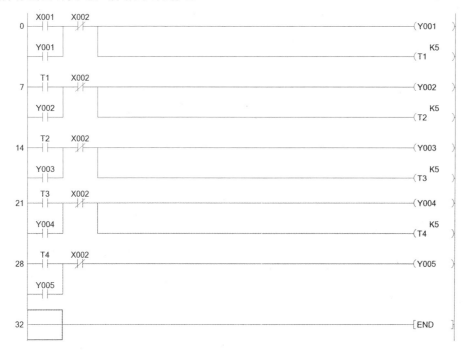

图 2-4　装饰灯控制的梯形图

【应用举例 2】洗手间自动冲水的控制要求：当使用者走近时，红外传感器 PIR1 检测到信号，3 s 后，控制阀 YV1 打开以进行冲水，冲水时间为 2 s；当使用者远离时，再一次进行冲水，冲水时间为 3 s。请按以上控制要求分配 I/O 端子、编写梯形图。

解：（1）按照洗手间自动冲水的控制要求分配 I/O 端子，如表 2-2 所示。

表 2-2　洗手间自动冲水控制的 I/O 端子分配表

输入			输出		
元件代号	作用	输入端子	元件代号	作用	输出端子
PIR1	检测信号	X0	YV1	进行冲水	Y0

（2）编写洗手间自动冲水控制的梯形图。使用常开触点 X000、PLS 和 PLF 模拟使用者走近和远离的过程，如图 2-5 所示。

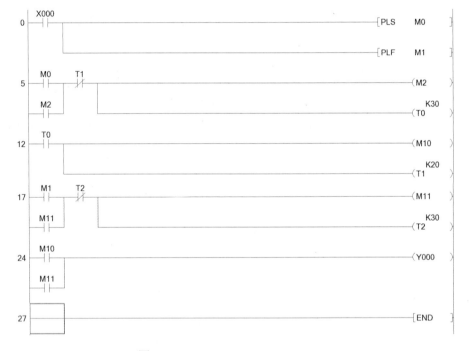

图 2-5　洗手间自动冲水控制的梯形图

① 当常开触点 X000 闭合时，PLS 执行，使常开触点 M0 闭合，线圈 M2 得电，T0 开始计时，3 s 后，线圈 M10 得电，常开触点 M10 闭合，线圈 Y000 得电，开始冲水。线圈 M10 得电的同时，T1 开始计时，2 s 后，常闭触点 T1 断开，使线圈 M2 和 T0 同时失电，常开触点 T0 断开，线圈 M10 失电，常开触点 M10 断开，线圈 Y000 失电，冲水结束。

② 当常开触点 X000 断开时，PLF 执行，使常开触点 M1 闭合，线圈 M11 得电，常

开触点 M11 闭合，线圈 Y000 得电，开始冲水。线圈 M11 得电的同时，T2 开始计时，3 s 后，常开触点 T2 断开，使线圈 M11 失电，常开触点 M11 断开，线圈 Y000 失电，冲水结束。

 知识链接

在使用定时器进行编程时，通常使用其常开触点，当定时器计时完成时，常开触点闭合，称为**延时接通**，如应用举例 1 中的 T1、T2、T3、T4。若使用其常闭触点，则当定时器计时完成时，常闭触点断开，称为**延时断开**，如应用举例 2 中的 T1 和 T2。

【应用举例 3】在某工业控制场合，需要设计一个占空比（在一个脉冲循环内，通电时间相对于总时间所占的比例）为 40%、周期为 2 s 的时钟脉冲。请编写此时钟脉冲控制的梯形图。

解：可通过两个定时器 T0 和 T1 的相互控制来实现占空比为 40%、周期为 2 s 的时钟脉冲设计，利用常开触点 T0 来设计占空比，梯形图如图 2-6 所示。当程序开始执行时，T0 先计时，1.2 s 后，常开触点 T0 闭合，线圈 Y000 得电。同时，T1 开始计时，0.8 s 后，常闭触点 T1 断开，使常开触点 T0 断开，线圈 Y000 失电，程序重新开始执行，如此循环。

当该程序执行时，通电 0.8 s，失电 1.2 s，通电时间占总时间的 40%。这种时而通电、时而失电的电路称为**闪烁电路**。

图 2-6　时钟脉冲控制的梯形图

二、积算型定时器

积算型定时器是从线圈得电开始计时的，其触点延时动作，断电保持，高电平复位。积算型定时器包括 1 ms 和 100 ms 两类，1 ms 积算型定时器的编号为 T246～T249，共 4 点，定时范围为 0.001～32.767 s；100 ms 积算型定时器的编号为 T250～T255，共 6 点，定时范围为 0.1～3 276.7 s。

使用 T250 定时 20 s 的梯形图和时序图如图 2-7 所示。当常开触点 X000 闭合时，T250 开始计时。若常开触点 X000 闭合 8 s 后断开，T250 计时保持在 8 s。当常开触点

X000 再次闭合时，T250 继续计时，再过 12 s 后，常开触点 T250 闭合，线圈 Y000 得电。当常开触点 X001 闭合时，T250 复位，计时清零，常开触点 T250 断开，线圈 Y000 失电。

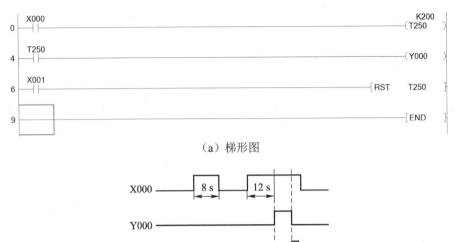

（a）梯形图

（b）时序图

图 2-7　使用 T250 定时 20 s 的梯形图和时序图

　　在使用积算型定时器时，程序执行完通常需要使用复位指令将其复位，计时清零。说一说：为什么要这样做？还有哪些需要复位的软元件或指令？

　　【应用举例4】在生产工位上一般配有工位呼叫系统，其控制要求如下。

　　（1）当生产人员在生产中遇到困难时，会按下工位呼叫按钮 SB1，呼叫现场的技术人员，寻求其支持，此时黄灯点亮 5 s。在这 5 s 内，生产人员应尝试自行解决困难并等待技术人员赶到。

　　（2）如果技术人员不能及时赶到该生产工位，生产人员又无法自行解决困难，则生产人员会再次按下 SB1，黄灯点亮。在黄灯累计点亮 12 s 后，红灯将点亮，以提醒技术人员尽快赶到。直到技术人员赶到该生产工位，生产人员才按下红灯熄灭按钮 SB2，把红灯熄灭。

　　请按以上控制要求分配 I/O 端子、编写梯形图。

　　解：（1）按照工位呼叫系统的控制要求分配 I/O 端子，如表 2-3 所示。

表 2-3　工位呼叫系统控制的 I/O 端子分配表

输入			输出		
元件代号	作用	输入端子	元件代号	作用	输出端子
SB1	点亮黄灯	X0	L1	表示黄灯	Y0
SB2	熄灭红灯	X1	L2	表示红灯	Y1

（2）根据控制要求，可使用通用型定时器 T0 和积算型定时器 T250，编写工位呼叫系统控制的梯形图，如图 2-8 所示。

① 当常开触点 X000 闭合时，线圈 Y000 得电，黄灯点亮，T0 和 T250 开始计时，5 s 后，常闭触点 T0 断开，线圈 Y000 失电，黄灯熄灭，计时停止。

② 再次闭合常开触点 X000，黄灯点亮 5 s，T250 继续计时。继续闭合常开触点 X000，当 T250 累计计时 12 s 时，常开触点 T250 闭合，线圈 Y001 得电，红灯点亮。

③ 当常开触点 X001 闭合时，T250 复位，同时常闭触点 X001 断开，线圈 Y001 失电，红灯熄灭。

图 2-8　工位呼叫系统控制的梯形图

笔记

任务分析

在掌握了通用型定时器和积算型定时器等知识后，开始进行 4 级传送带控制程序设计。

4 级传送带需要按顺序启动，其工作过程：按下启动按钮 SB1 后，电动机 M1～M4 按顺序启动，每两台电动机启动间隔时间为 5 s；按下停止按钮 SB2 后，4 台电动机停止运转，如图 2-9 所示。

图 2-9　4 级传送带的工作过程

完成该任务的主要步骤如下。

（1）根据 4 级传送带的工作过程，进行程序编写。

（2）对编写好的程序进行仿真调试。

（3）将程序下载到 PLC 中，按照 I/O 接线图进行接线，改变 SB1、SB2 的状态，观察 4 级传送带的工作状态。

任务实施——4 级传送带控制程序设计

1．程序编写

分析完任务后，首先使用梯形图进行程序编写。

（1）按照 4 级传送带的工作过程分配 I/O 端子，如表 2-4 所示。

表 2-4　4 级传送带控制的 I/O 端子分配表

输入			输出		
元件代号	作用	输入端子	元件代号	作用	输出端子
SB1	启动系统工作	X1	KM1	控制 M1 运转	Y0
SB2	停止系统工作	X2	KM2	控制 M2 运转	Y1
			KM3	控制 M3 运转	Y2
			KM4	控制 M4 运转	Y3

（2）按照表 2-4 绘制 4 级传送带控制的 I/O 接线图，如图 2-10 所示。

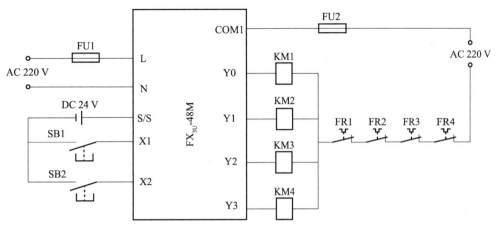

图 2-10　4 级传送带控制的 I/O 接线图

（3）根据控制要求，在编程软件中设计 4 级传送带控制的梯形图。

根据控制要求，4 台电动机要按顺序每隔 5 s 启动，即当第一台电动机 M1 启动时，定时器就应开始计时，5 s 后，常开触点 T1 闭合，M2 启动，依此类推。4 级传送带控制的梯形图如图 2-11 所示。

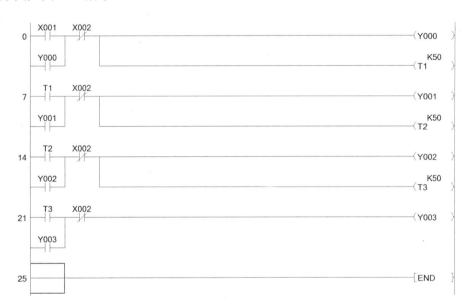

图 2-11　4 级传送带控制的梯形图

2. 程序仿真调试

编写好程序后，需要对其进行仿真调试。

（1）将程序从编程软件下载到仿真软件中。

（2）首先改变常开触点 X001 的状态，观察定时器是否正常计时，4 个线圈是否按顺序得电；然后改变常闭触点 X002 的状态，观察 4 个线圈是否失电，判断程序是否符合控制要求。

（3）若程序符合控制要求，则表明程序正确，保存程序即可；若程序不符合控制要求，则应仔细分析，找出原因，重新修改程序，直到程序符合控制要求。

当改变常开触点 X001 的状态时，程序仿真结果应如图 2-12 所示。

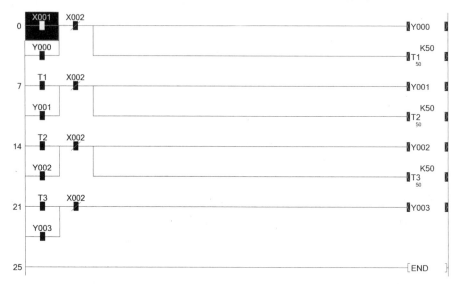

图 2-12　当改变常开触点 X001 的状态时，4 级传送带控制的程序仿真结果

3．程序运行

调试好程序后，将其下载到 PLC 上，运行程序并实现 4 级传送带控制。

（1）根据图 2-10 进行 I/O 接线（见图 2-13），并检查有无短路及断路现象。

（2）将运行模式选择开关置于 RUN 位置，使 PLC 进入运行模式。

（3）改变 SB1、SB2 的状态，观察 4 级传送带是否按顺序每隔 5 s 启动。结果显示该程序能控制 4 级传送带运转。

4 级传送带控制程序运行

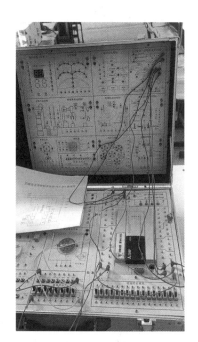

图 2-13　4 级传送带控制的 I/O 接线

拓展进阶

为保证生产安全，4级传送带经常有如下控制要求：按 M4→M3→M2→M1 的顺序启动传送带，按 M1→M2→M3→M4 的顺序使传送带停止，无论启动还是停止，间隔时间都为 5 s。下面按此控制要求改进4级传送带控制。

（1）拓展任务分析。因为加入了顺序停止的要求，所以需要多加几个定时器。改进4级传送带控制的电气原理图如图 2-14 所示。

改进4级传送带控制的工作过程如下。

① 按下 SB1，M4 启动，5 s 后，M3 启动，依此类推，按顺序每隔 5 s 启动一台电动机，直到 M1 启动。

② 按下 SB2，M1 停止。KT4、KT5、KT6 同时计时，分别计时 5 s、10 s、15 s，使 M2、M3、M4 依次停止。

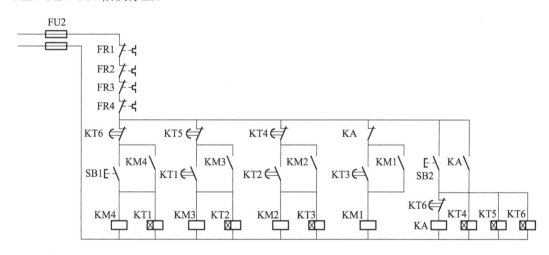

图 2-14　改进 4 级传送带控制的电气原理图

（2）改进 4 级传送带控制的 I/O 端子分配表及 I/O 接线图都与任务实施类似，只是将 SB2 改为常开状态。

（3）根据控制要求和电气原理图，在编程软件中设计改进 4 级传送带控制的梯形图，如图 2-15 所示。改进 4 级传送带顺序启动的程序与任务实施类似，不再赘述。对于顺序停止的程序，按如下设计：将常开触点 X002 分别与定时器 T4、T5、T6 串联，T4、T5、T6 的定时时间分别为 5 s、10 s、15 s；再将常闭触点 T4、T5、T6 分别与线圈 Y001、Y002、Y003 串联。

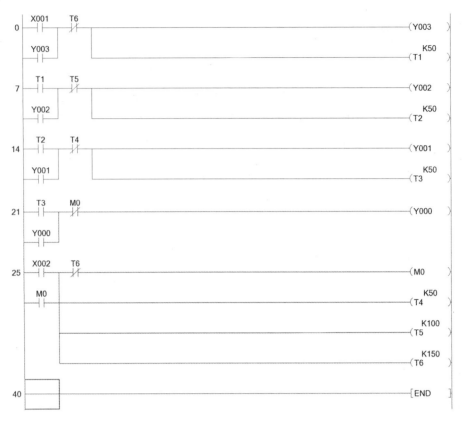

图 2-15　改进 4 级传送带控制的梯形图

任务二　三色警示灯控制

⚙ 任务引入

三色警示灯（见图 2-16）在工业生产上应用广泛，如应用于自动化流水线、安检、指示灯封装、数控机床报警、交通指示等。三色警示灯上有红、黄、绿 3 种颜色的灯，它们会在不同的时间点亮。红灯表示当前设备不正常，停止生产（通行）；黄灯表示当前设备正常，等待生产（通行）；绿灯表示设备在使用过程中，正常生产（通行）。三色警示灯的安装高度视现场情况而定，通常与生产线设备保持一致，安装位置在设备正面的右上部。

三色警示灯应用于不同的场景，其控制要求也不同。本任务三色警示灯的控制要求为红灯、黄灯、绿灯按顺序每隔 10 s 点亮，关闭时为防止误操作，需要按两次停止按钮，所有灯才熄灭。

图 2-16　三色警示灯

本任务将先介绍 16 位加计数器、32 位加/减计数器等知识，再进行三色警示灯控制程序设计。

任务工单

请扫描下方的二维码，获取任务工单。根据任务工单，学生可以课前预习相关知识，课后按步骤进行任务实施，提高操作技能。

计数器能累计输入脉冲的个数，如生产线上生产的产品总数、合格产品数、返修产品数等。三菱 FX₃ᵤ 系列 PLC 的计数器包括高速计数器和内部计数器两类，常用的是内部计数器。

内部计数器是在程序执行时对软元件的信号进行计数的计数器，其接通时间和断开时间都比 PLC 的扫描周期稍长。与定时器类似，使用内部计数器时，同样需要为其输入一个设定值，可用常数 K 或数据寄存器 D 中的值作为设定值。程序中的执行条件使内部计数器线圈通电时，其才开始计数。内部计数器包括 16 位加计数器和 32 位加/减计数器两类，用 C 表示。

一、16 位加计数器

16 位加计数器的计数范围为 0～32 767，包括通用型和断电保持型两类。通用型 16 位加计数器的编号为 C0～C99，共 100 点，当 PLC 断电时，其当前值清零。断电保持型 16 位加计数器的编号为 C100～C199，共 100 点，当 PLC 断电时，其当前值保持不变。

设定值为 5 的 16 位加计数器的梯形图和时序图如图 2-17 所示。由于 C0 的 K 取 5，常开触点 X001 每闭合 1 次，C0 计数 1 次，因此当 C0 执行第 5 次计数时，其常开触点闭合，线圈 Y000 得电。而当常开触点 X000 闭合时，C0 复位，其常开触点断开，线圈 Y000 失电。

（a）梯形图

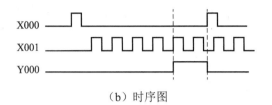

（b）时序图

图 2-17　设定值为 5 的 16 位加计数器的梯形图和时序图

经验传承

使用计数器时，需要使用 RST 将其复位。当 RST 的输入信号有效时，计数器和移位寄存器的输入信号无效。此外，由于复位回路的程序与计数器计数回路的程序是相互独立的，因此程序的执行顺序可任意安排，而且可分开编程。

【应用举例 1】已知用一个按钮控制一盏灯的控制要求：按 3 次按钮，灯点亮，再按 3 次按钮，灯熄灭。请按以上控制要求分配 I/O 端子、编写梯形图。

解：（1）按照用一个按钮控制一盏灯的控制要求分配 I/O 端子，如表 2-5 所示。

表 2-5　用一个按钮控制一盏灯的 I/O 端子分配表

输入			输出		
元件代号	作用	输入端子	元件代号	作用	输出端子
SB	控制灯的点亮、熄灭	X0	L	表示灯	Y0

（2）编写用一个按钮控制一盏灯的梯形图，如图 2-18 所示。当常开触点 X000 闭合 3 次时，C0 计数 3 次，常开触点 C0 闭合，线圈 Y000 得电，L 点亮。当常开触点 X000 闭合 6 次时，C1 计数 6 次，常闭触点 C1 断开，使线圈 Y000 失电，L 熄灭。常开触点 C1 闭合，使 C0、C1 复位。

图 2-18　用一个按钮控制一盏灯的梯形图

二、32 位加/减计数器

32 位加/减计数器既能进行加计数又能进行减计数，由特殊辅助继电器 M8200～M8234 进行设定。当特殊辅助继电器接通（置"1"）时，进行减计数；当特殊辅助继电器断开（置"0"）时，进行加计数。该计数器的计数范围为 – 2 147 483 648～+ 2 147 483 647，包括通用型和断电保持型两类。

通用型 32 位加/减计数器的编号为 C200～C219，共 20 点，当 PLC 断电时，其当前值清零。断电保持型 32 位加/减计数器的编号为 C220～C234，共 15 点，当 PLC 断电时，其当前值保持不变。

设定值为 3 的 C200 的梯形图和时序图如图 2-19 所示。当常开触点 X000 断开时，C200 进行加计数。当常开触点 X002 闭合 3 次时，C200 计数为 3，其常开触点闭合，线圈 Y000 得电。若再次闭合常开触点 X002，C200 继续计数，线圈 Y000 继续得电。当常开触点 X000 闭合时，C200 进行减计数，当常开触点 X002 反复闭合几次，使 C200 计数到 2 及以下时，其常开触点断开，线圈 Y000 失电。当常开触点 X001 闭合时，C200 复位。

（a）梯形图

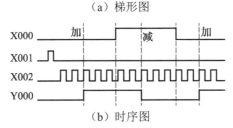

（b）时序图

图 2-19 设定值为 3 的 C200 的梯形图和时序图

砥节砺行

人生就像 32 位加/减计数器，既需要我们精通加法之道，善于积累与成长，又需要我们深谙减法之理，懂得简化与舍弃。只有我们合理地运用加减法，才能避免走向极端。

【应用举例 2】某景区在旅游旺季客流量较大，需要进行客流量统计，以便实时掌握现有客容量。客流量统计的控制要求：按下启动按钮 SB1，启动客流量统计；在景区入口和出口分别安装了红外传感器 PIR1 和 PIR2，用来进行游客进出的检测。当客容量达到1 500 人时，入口的红灯亮，禁止游客进入；按下复位按钮 SB2，关闭客流量统计。请按以上控制要求分配 I/O 端子、编写梯形图。

解：（1）按照客流量统计的控制要求分配 I/O 端子，如表 2-6 所示。

表 2-6　客流量统计的 I/O 端子分配表

输入			输出		
元件代号	作用	输入端子	元件代号	作用	输出端子
PIR1	检测进入的游客	X0	L	点亮表示禁止游客进入	Y0
PIR2	检测离开的游客	X1			
SB1	启动客流量统计	X2			
SB2	关闭客流量统计	X3			

（2）编写客流量统计的梯形图，如图 2-20 所示。当常开触点 X002 闭合时，线圈 M0 得电，常开触点 M0 闭合。若有游客进入景区，则常开触点 X000 闭合，C200 计数加 1。若有游客离开景区，则常开触点 X001 闭合，C200 计数减 1。当 C200 计数到1 500 时，线圈 Y000 得电，红灯 L 点亮。当常开触点 X003 闭合时，C200 复位，线圈 Y000 失电。

图 2-20　客流量统计的梯形图

📋 **笔** **记**

任务分析

在掌握了 16 位加计数器、32 位加/减计数器等知识后，开始进行三色警示灯控制程序设计。

根据控制要求可知，三色警示灯启动时使用定时器，关闭时使用计数器进行程序设计。三色警示灯控制的工作过程：按下启动按钮 SB1，红灯点亮，10 s 后，黄灯点亮，再过 10 s 后，绿灯点亮；按下停止按钮 SB2 两次，红灯、黄灯、绿灯同时熄灭。

完成该任务的主要步骤如下。

（1）根据三色警示灯控制的工作过程，进行程序编写。

（2）对编写好的程序进行仿真调试。

（3）将程序下载到 PLC 中，按照 I/O 接线图进行接线，改变 SB1、SB2 的状态，观察三色警示灯的点亮、熄灭。

任务实施——三色警示灯控制程序设计

1. 程序编写

分析完任务后，首先使用梯形图进行程序编写。

（1）按照三色警示灯控制的工作过程分配 I/O 端子，如表 2-7 所示。

表 2-7　三色警示灯控制的 I/O 端子分配表

输入			输出		
元件代号	作用	输入端子	元件代号	作用	输出端子
SB1	启动三色警示灯	X0	L1	控制红灯	Y0
SB2	使三色警示灯停止	X1	L2	控制黄灯	Y1
			L3	控制绿灯	Y2

（2）按照表 2-7 绘制三色警示灯控制的 I/O 接线图，如图 2-21 所示。

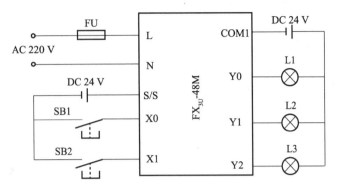

图 2-21 三色警示灯控制的 I/O 接线图

 经验传承

通常三色警示灯有 5 根引出线，黄绿双色线（地线）、红色线（红灯控制线）、黄色线（黄灯控制线）、绿色线（绿灯控制线）、黑色线（公共控制线）。

使用三色警示灯时，将黑色线接到电源，红色线、黄色线、绿色线接信号线，地线需要安全接地。三色警示灯的额定工作电压通常有 DC 24 V 和 AC 220 V 两种，接线前应确认三色警示灯的额定工作电压，避免因接错而损坏灯具。

（3）根据控制要求，在编程软件中设计三色警示灯控制的梯形图，如图 2-22 所示。

图 2-22 三色警示灯控制的梯形图

2. 程序仿真调试

编写好程序后，需要对其进行仿真调试。

（1）将程序从编程软件下载到仿真软件中。

（2）先改变常开触点 X000 的状态，观察 3 个线圈是否按顺序每隔 10 s 得电；再改变常开触点 X001 的状态，使其闭合两次，观察 3 个线圈是否失电，判断程序是否符合控制要求。

（3）若程序符合控制要求，则表明程序正确，保存程序即可；若程序不符合控制要求，则应仔细分析，找出原因，重新修改程序，直到程序符合控制要求。

三色警示灯控制的程序仿真结果应如图 2-23 所示。

（a）改变常开触点 X000 的状态

（b）改变常开触点 X001 的状态

图 2-23　三色警示灯控制的程序仿真结果

3．程序运行

调试好程序后，将其下载到 PLC 上，运行程序并实现三色警示灯控制。

（1）根据图 2-21 进行 I/O 接线（见图 2-24），并检查有无短路及断路现象。

（2）将运行模式选择开关置于 RUN 位置，使 PLC 进入运行模式。

三色警示灯控制程序运行

（3）改变 SB1、SB2 的状态，观察三色警示灯是否按控制要求点亮和熄灭。结果显示该程序能控制三色警示灯。

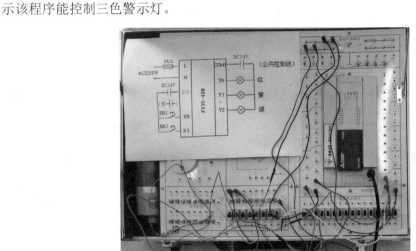

图 2-24　三色警示灯控制的 I/O 接线

✿ 拓展进阶

为防止误报警，在任务实施控制要求的基础上改进三色警示灯控制。若想防止误报警，则需要防止误操作启动按钮，即要求按两次启动按钮，三色警示灯才启动。下面进行改进三色警示灯控制的程序编写。

（1）拓展任务分析。改进三色警示灯控制的工作过程：按下启动按钮 SB1 两次，红灯点亮，10 s 后，黄灯点亮，再过 10 s 后，绿灯点亮；按下停止按钮 SB2 两次，红灯、黄灯、绿灯同时熄灭。

（2）改进三色警示灯控制的 I/O 端子分配表及 I/O 接线图都与任务实施一致。

（3）根据控制要求，在编程软件中设计改进三色警示灯控制的梯形图，如图 2-25 所示。

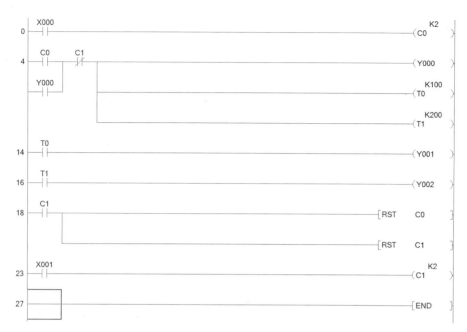

图 2-25　改进三色警示灯控制的梯形图

一名女电工的技术能手成长之路

在昆明卷烟厂，有这么一位女电工，她荣获了红云红河烟草（集团）有限责任公司（以下简称红云红河集团）"技术能手"及昆明卷烟厂"技术能手"称号，并列入集团高技能人才库，她就是昆明卷烟厂动力车间女电工孔文苑。

2020 年，昆明卷烟厂团委举办第一届"梦想杯"青工技能大赛，车间团支部书记动员孔文苑参加烟机设备电气修理的比赛。由于她平时工作方向是供配电维修电工，从来没有接触过烟机和 PLC 编程，孔文苑一直很犹豫。经过一段时间的思考，以及家人和同事们的不断鼓励，在报名最后一天，孔文苑递交了报名表。

学习 PLC 编程，非常不容易。孔文苑自学了一个月的书本，在工厂培训了两个星期后，以动力车间初赛第一名的成绩进入决赛。进入决赛后，离比赛只有一个星期的时间，尽管大赛组委会配备了超强的师资和专业实操场地，但孔文苑基础太差，为了能跟上培训中心每天的授课进度，孔文苑咬紧牙关，多学多练，每天编程到凌晨。功夫不负有心人，最后孔文苑的成绩进入了中游，虽然没有拿到名次，但是这次比赛让她从一个从来没接触过编程的新选手进阶到了可以独立做工程编程项目的初阶选手。

2021 年红云红河集团电气竞赛开始前，工厂主动把参赛橄榄枝抛向了孔文苑。作为厂里唯一参赛的女选手，这次机会她倍加珍惜。她利用休息时间不断学习，精进自己的技术技能水平。最终,孔文苑获得了三等奖。

2023 年 6 月,昆明卷烟厂举办了 2023 年烟机设备电气修理职业技能竞赛暨智能化应用技能竞赛。她踊跃报名,成了参赛选手中唯一的一名女选手。9 月,在云南中烟第二届信息化岗位技能竞赛中,她成了昆明卷烟厂动力车间唯一报名的参赛选手。在这次竞赛中,孔文苑填补了自己在大数据领域的知识空白,学到更多的新技术。

孔文苑说,褪去 2020 年初次比赛的青涩和胆怯,现在的她不再惧怕挑战,非常珍惜每次出去竞赛学习的机会,把竞赛中学到的技术技能,运用到平时的工作中。

(资料来源:尹馨晨楠,《一名女电工的技术能手成长之路》,人民网,2023 年 9 月 29 日)

项目考核

1. 填空题

(1)三菱 FX$_{3U}$ 系列 PLC 的定时器包括_____和_____两类。

(2)定时器与继电-接触器控制装置中的_____类似。

(3)在三菱 FX$_{3U}$ 系列 PLC 中,T0~T199 是_____定时器,T246~T255 是_____定时器。

(4)三菱 FX$_{3U}$ 系列 PLC 的计数器分为_____和_____两类。

(5)32 位加/减计数器既能进行加计数又能进行减计数,由特殊辅助继电器_____进行设定。当特殊辅助继电器_____时,进行减计数;当特殊辅助继电器_____时,进行加计数。

2. 选择题

(1)可以用( )中的值作为定时器的设定值。

    A. 数据寄存器   B. 输入继电器

    C. 计数器   D. 状态继电器

(2)T200 是( )。

    A. 100 ms 通用型定时器   B. 10 ms 通用型定时器

    C. 1 ms 积算型定时器   D. 100 ms 积算型定时器

(3)在使用定时器进行编程时,通常使用其常开触点,当定时器计时完成时,常开触点闭合,称为( )。

    A. 延时断开   B. 断电保持   C. 延时接通   D. 闪烁电路

(4)C200 是( )。

    A. 8 位计数器   B. 16 位计数器   C. 32 位计数器   D. 高速计数器

(5)使用计数器时,常需要使用( )指令将其值清零。

    A. 置位   B. 复位   C. 取   D. 或

3．设计分析题

采用三菱 FX$_{3U}$-48M 的 PLC 编写 4 台电动机顺序启停控制的梯形图，其控制要求：按下启动按钮 SB1，M1 启动，15 s 后，M2 启动，再过 15 s，M3 启动，再过 15 s，M4 启动；按下停止按钮 SB2，M4 停止，15 s 后，M3 停止，再过 15 s 后，M2 停止，再过 15 s 后，M1 停止。

项目评价

指导教师根据学生的实际学习成果进行评价，学生配合指导教师共同完成学习成果评价表，如表 2-8 所示。

表 2-8　学习成果评价表

班级		组号		日期	
姓名		学号		指导教师	
评价项目	评价内容			满分/分	评分/分
知识（40%）	通用型定时器			10	
	积算型定时器			10	
	16 位加计数器			10	
	32 位加/减计数器			10	
技能（40%）	能够完成 4 级传送带控制程序设计			10	
	能够完成改进 4 级传送带控制程序设计			10	
	能够完成三色警示灯控制程序设计			10	
	能够完成改进三色警示灯控制程序设计			10	
素质（20%）	积极参加教学活动，主动学习、思考、讨论			5	
	认真负责，按时完成学习、训练任务			5	
	团结协作，与组员之间密切配合			5	
	服从指挥，遵守课堂纪律			5	
合计				100	
自我评价					
指导教师评价					

项目三

PLC 功能指令的应用

项目导读

基本指令是 PLC 编程的基础，用于实现基本的逻辑控制功能；而功能指令则是对基本指令的扩展和补充，用于实现更高级、更复杂的控制功能，如数据的传送、运算、比较等。在使用功能指令进行 PLC 编程时，应遵循一定的格式。只有按照规定的格式进行 PLC 编程，功能指令才能正确执行。功能指令在执行时会对软元件（如输入继电器、辅助继电器、定时器等）进行控制，某些功能指令还能对位组合元件进行控制。

本项目在介绍功能指令的格式、位组合元件、常用功能指令等相关知识的基础上，实现七段数码管 9 s 倒计时控制和算式运算控制程序设计。

知识目标

◆ 了解功能指令的格式、位组合元件。

◆ 掌握比较指令、区间复位指令、传送指令、七段数码管及七段译码指令。

◆ 掌握跳转指令、四则运算指令、加 1 和减 1 指令、循环起点和结束指令、子程序调用返回指令、循环和移位指令。

技能目标

◆ 能够完成七段数码管 9 s 倒计时控制程序设计。

◆ 能够完成算式运算控制程序设计。

素质目标

◆ 锻炼举一反三、将所学知识运用于实际的能力。

◆ 厚植心系国家建设、勇担时代使命的爱国情怀。

◆ 培养爱岗敬业、崇尚技艺、求实创新、团结协作的职业精神。

任务一 七段数码管 9 s 倒计时控制

 任务引入

由发光二极管（LED）组成的七段数码管随处可见，如图 3-1 所示。七段数码管在交通、电视、竞赛等场合应用广泛。例如，城市交通指挥中心可使用七段数码管来显示车辆行驶状况及车流量等信息；在竞赛中，经常使用七段数码管来进行倒计时显示。

本任务先介绍功能指令的格式、位组合元件、比较指令、区间复位指令、传送指令、七段数码管及七段译码指令等知识，再进行七段数码管 9 s 倒计时控制程序设计。

图 3-1 七段数码管

 任务工单

请扫描下方的二维码，获取任务工单。根据任务工单，学生可以课前预习相关知识，课后按步骤进行任务实施，提高操作技能。

一、功能指令的格式

功能指令与基本指令不同，功能指令类似一个子程序，可以对操作数中的数据进行控制。功能指令包括功能指令段和操作数两部分。

（一）功能指令段

功能指令段即功能指令的助记符。不同助记符代表不同的功能指令，且每条功能指令都有编号。三菱 FX$_{3U}$ 系列 PLC 功能指令的编号为 FNC00～FNC305。

功能指令的助记符以英文字母表示，有时会加前缀"D"和后缀"P"。功能指令的前缀有"D"表示其能处理 32 位的数据，无"D"表示其能处理 16 位的数据。功能指令的后缀有"P"表示其为脉冲执行方式，无"P"表示其为连续执行方式。

（二）操作数

操作数包括源操作数和目标操作数。大多数功能指令有 1～4 个操作数，有的功能指令没有操作数。

（1）源操作数是指执行功能指令后，内容不变的操作数，用[S.]表示。当源操作数不止一个时，用[S1.]、[S2.]等表示。"."表示可以使用变址方式；一般默认无"."，表示不能使用变址方式。

（2）目标操作数是指执行功能指令后，内容改变的操作数，用[D.]表示。当目标操作数不止一个时，用[D1.]、[D2.]等表示。"."表示可以使用变址方式；一般默认无"."，表示不能使用变址方式。

如图 3-2 所示为加法指令的格式，常开触点 X000 为执行条件，FNC20 为编号，(D)ADD(P)为助记符，D10 和 D12 为两个源操作数，D14 为目标操作数。

图 3-2　加法指令的格式

二、位组合元件

位组合元件是指由多个连续的位元件（如 X、Y、M、S）组合成一个单元来使用的元件。这种组合方式更有利于进行数据存储和处理。位组合元件通常用 Kn 加上首位位元件表示，Kn 表示组数。例如，K1X0 表示 X3～X0 这 4 个输入继电器的组合；K3Y0 表示 Y13～Y10、Y7～Y4、Y3～Y0 这 3 组共 12 个输出继电器的组合；K4M10 表示 M25～M22、M21～M18、M17～M14、M13～M10 这 4 组共 16 个辅助继电器的组合。

位组合元件的首位最好采用以 0 结尾的位元件。

下面以 KnY0 为例，介绍同一种位组合元件的全部组合，如表 3-1 所示。

表 3-1　KnY0 的全部组合

适用指令的范围	组合	包含的位元件 （最高位～最低位）	位元件个数
n 取 1～4 时，适用于 16 位指令	K1Y0	Y3～Y0	4
	K2Y0	Y7～Y0	8
	K3Y0	Y13～Y10，Y7～Y0	12
	K4Y0	Y17～Y10，Y7～Y0	16

表 3-1（续）

适用指令的范围	组合	包含的位元件 （最高位～最低位）	位元件个数
n 取 5～8 时，适用于 32 位指令	K5Y0	Y23～Y20，Y17～Y10，Y7～Y0	20
	K6Y0	Y27～Y20，Y17～Y10，Y7～Y0	24
	K7Y0	Y33～Y30，Y27～Y20， Y17～Y10，Y7～Y0	28
	K8Y0	Y37～Y30，Y27～Y20， Y17～Y10，Y7～Y0	32

三、比较指令

比较指令可根据运算比较结果去控制相应的对象。它包括组件比较指令、触点比较指令和区间比较指令 3 类。

（一）组件比较指令

组件比较指令在 PLC 编程中较为常用，它能够帮助工程师实现对数据大小的准确判断和控制。组件比较指令的编号、功能、操作数如表 3-2 所示。它有两个源操作数[S1.]和[S2.]，以及一个目标操作数[D.]。该指令执行时，将比较[S1.]和[S2.]：若[S2.]＜[S1.]，则[D.]接通；若[S2.]＝[S1.]，则[D.]＋1 接通；若[S2.]＞[S1.]，则[D.]＋2 接通。此外，组件比较指令具有断电保持功能，如果想要清除比较结果，就需要使用复位指令。

表 3-2　组件比较指令

名称、助记符	编号	功能	操作数	
			[S.]	[D.]
组件比较指令 (D)CMP(P)	FNC10	将源操作数[S1.]和[S2.]中的数据进行比较，然后根据比较结果对目标操作数[D.]进行相应的操作	K、H、KnX、KnY、 KnM、KnS、T、C、 D、V、Z	Y、M、S

 **知识链接**

K 表示十进制数，H 表示十六进制数。

下面以 C20（当前值）与 K1000 进行比较的梯形图（见图 3-3）为例，介绍组件比较指令的梯形图。当常开触点 X000 闭合时，将 C20（当前值）与 K1000 进行比较。若 C20（当前值）＜K1000，则常开触点 M1 闭合，线圈 Y000 得电；若 C20（当前值）＝K1000，则常开触点 M2 闭合，线圈 Y001 得电；若 C20（当前值）＞K1000，则常开触点 M3 闭合，线圈 Y002 得电。

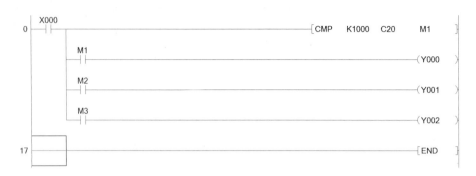

图 3-3　C20（当前值）与 K1000 进行比较的梯形图

（二）触点比较指令

触点比较指令等同于一个常开触点，这个常开触点的状态由两个源操作数[S1.]和[S2.]的比较结果决定，其中源操作数可以是 K、H、KnX、KnY、KnM、KnS、T、C、D、V、Z。触点比较指令可以和其他触点串联、并联，或者作为执行条件单独使用。根据应用方式的不同，触点比较指令可分为起始触点比较指令、串联触点比较指令、并联触点比较指令 3 类。

1. 起始触点比较指令

起始触点比较指令与左母线相连，其功能类似于取指令。起始触点比较指令以 LD 开头，共有 6 种，它们的编号和功能如表 3-3 所示。

表 3-3　起始触点比较指令

助记符	编号	功能
LD =	FNC224	当[S1.] = [S2.]时，触点接通
LD >	FNC225	当[S1.] > [S2.]时，触点接通
LD <	FNC226	当[S1.] < [S2.]时，触点接通
LD < >	FNC228	当[S1.] ≠ [S2.]时，触点接通
LD <=	FNC229	当[S1.] ≤ [S2.]时，触点接通
LD >=	FNC230	当[S1.] ≥ [S2.]时，触点接通

2. 串联触点比较指令

串联触点比较指令只能与其他触点串联使用，不能直接与左母线相连，其功能类似于与指令。串联触点比较指令以 AND 开头，也有 6 种，它们的编号和功能如表 3-4 所示。

表 3-4　串联触点比较指令

助记符	编号	功能
AND =	FNC232	当[S1.]=[S2.]时，触点接通
AND >	FNC233	当[S1.]>[S2.]时，触点接通
AND <	FNC234	当[S1.]<[S2.]时，触点接通
AND < >	FNC236	当[S1.]≠[S2.]时，触点接通
AND <=	FNC237	当[S1.]≤[S2.]时，触点接通
AND >=	FNC238	当[S1.]≥[S2.]时，触点接通

3. 并联触点比较指令

并联触点比较指令可与其他触点并联，该指令必须在有其他触点与之并联的情况下才能执行，其功能类似于或指令。并联触点比较指令以 OR 开头，也有 6 种，它们的编号和功能如表 3-5 所示。

表 3-5　并联触点比较指令

助记符	编号	功能
OR =	FNC240	当[S1.]=[S2.]时，触点接通
OR >	FNC241	当[S1.]>[S2.]时，触点接通
OR <	FNC242	当[S1.]<[S2.]时，触点接通
OR < >	FNC244	当[S1.]≠[S2.]时，触点接通
OR <=.	FNC245	当[S1.]≤[S2.]时，触点接通
OR >=	FNC246	当[S1.]≥[S2.]时，触点接通

经验传承

在使用触点比较指令进行编程时，直接输入对应指令即可，但输入完后，"LD" "AND""OR"均不显示。例如，在"梯形图输入"对话框中输入"LD＝D1 D2"，单击"确定"按钮后，其梯形图中未显示"LD"，如图 3-4 所示。

（a） （b）

图 3-4　输入 " LD ＝ D1 D2 "

（三）区间比较指令

区间比较指令中的区间，就是一个数据范围。例如，在考试时，以 60 和 80 两个数值将成绩划分为 3 个区间：0～59 分为不及格；60～80 分为良好；81～100 分为优秀。

区间比较指令的编号、功能、操作数如表 3-6 所示，它有 3 个源操作数[S1.]、[S2.]和[S3.]，以及一个目标操作数[D.]。区间比较指令执行时，将[S1.]、[S2.]分别与[S3.]进行比较：若[S3.]<[S1.]，则[D.]接通；若[S1.]≤[S3.]≤[S2.]，则[D.]+1 接通；若[S3.]>[S2.]，则[D.]+2 接通。

表 3-6　区间比较指令

名称、助记符	编号	功能	操作数	
			[S.]	[D.]
区间比较指令 (D)ZCP	FNC11	将数据划分为 3 个区间，分界点分别为[S1.]和[S2.]，将[S1.]、[S2.]分别与[S3.]进行比较，根据比较结果对目标操作数进行相应的操作	K、H、KnX、KnY、KnM、KnS、T、C、D、V、Z	Y、M、S

判断 D0（当前值）所属区间的梯形图如图 3-5 所示。由图 3-5 可知，区间比较指令将数据以 K60 和 K100 为分界点，划分为 3 个区间。当常开触点 X000 闭合时，若 D0（当前值）<K60，则常开触点 M0 闭合，线圈 Y000 得电；若 K60≤D0（当前值）≤K100，则常开触点 M1 闭合，线圈 Y001 得电；若 D0（当前值）>100，则常开触点 M2 闭合，线圈 Y002 得电。

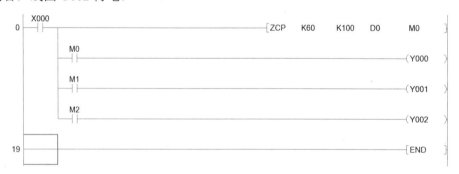

图 3-5　判断 D0（当前值）所属区间的梯形图

 知识链接

　　CMP 和 ZCP 前还可加 T，即 TCMP 和 TZCP，它们分别为时钟数据比较指令和时钟数据区间比较指令，用于时钟数据比较和时钟数据区间比较，用法与 CMP 和 ZCP 一致。

四、区间复位指令

区间复位指令用来成批复位几个软元件，其编号、功能、目标操作数和梯形图如表 3-7 所示，表中的梯形图表示复位 M500～M599 的辅助继电器。区间复位指令只有两个目标操作数，这两个目标操作数指定了复位的软元件范围，且所指定的软元件必须为同类软元件。

表 3-7 区间复位指令

名称、助记符	编号	功能	目标操作数	梯形图
区间复位指令 ZRST(P)	FNC40	成批复位两个目标操作数范围内的软元件	Y、M、S、T、C、D	`0` ─┤ M8002 ├──────[ZRST M500 M599]

五、传送指令

传送指令在数据处理和自动化控制中起着关键性的作用，其编号、功能、操作数和梯形图如表 3-8 所示，表中的梯形图表示将 50 传送到 D20 中。传送指令只有一个源操作数和一个目标操作数。

表 3-8 传送指令

名称、助记符	编号	功能	操作数		梯形图
			[S.]	[D.]	
传送指令 (D)MOV(P)	FNC12	将源操作数中的数据传送到目标操作数中	K、H、KnX、KnY、KnM、KnS、T、C、D、V、Z	KnY、KnM、KnS、T、C、D、V、Z	`0` ─┤ X000 ├──────[MOV K50 D20]

【应用举例】企业上下班响铃的控制要求：响铃有 4 个时刻，它们分别为 8:00、11:30、14:00、17:30，每次响铃 30 s。请按以上控制要求编写梯形图。（TRD 为时钟读取指令，用来读取实时的年、月、日、时、分、秒，可将其存放在 D0～D5 中。）

解：企业上下班响铃的梯形图如图 3-6 所示。通过 MOV 将上下班的 4 个时刻存放在数据寄存器中，其中 D13～D15 存放上午上班时间 8:00，D16～D18 存放上午下班时间 11:30，D23～D25 存放下午上班时间 14:00，D26～D28 存放下午下班时间 17:30。通过 TZCP 将实时时间与设定时间进行比较，若二者相等，则 M11、M21 的上升沿或下降沿触发，线圈 Y000 得电，响铃开始，同时 T0 开始计时，30 s 后，响铃停止。

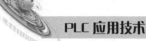
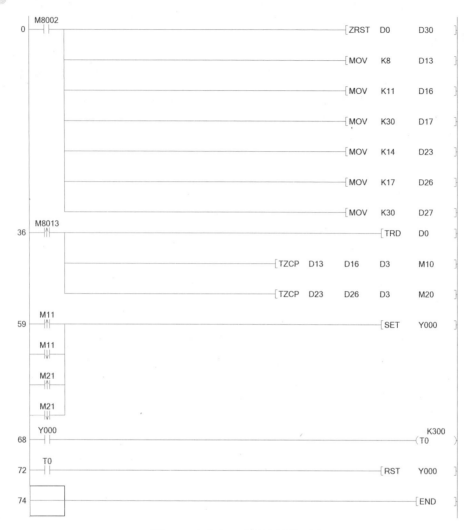

图 3-6　企业上下班响铃的梯形图

除了普通的传送指令，还有块传送指令 BMOV，用来传送数据块，以图 3-7 为例对块传送指令的梯形图进行解释。图中 D5 为存放被传送的数据块的首地址，D10 为存放传送来的数据块的首地址，K3 为数据块的长度。因此，该梯形图是将 D5 中的数据存放在 D10 中，D6 中的数据存放在 D11 中，D7 中的数据存放在 D12 中。

图 3-7　块传送指令的梯形图

当源操作数与目标操作数的传送地址号重叠时，为防止数据在传送过程中丢失（或被覆盖），在进行编程时，应先把重叠地址号中的数据送出，再送入其他数据。如图 3-8 所示，应首先将 D10 中的数据存放在 D9 中，其次将 D11 中的数据存放在 D10 中，最后将 D12 中的数据存放在 D13 中。

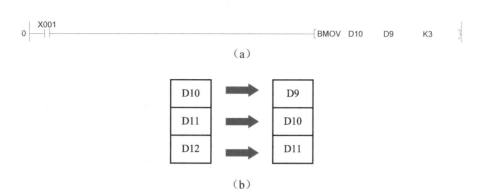

（a）

（b）

图 3-8　传送地址号重叠的处理

六、七段数码管及七段译码指令

（一）七段数码管

七段数码管是一种半导体发光器件，由 7 个 LED 段（A～G）和一个小数点（DP）组成（见图 3-9），用来显示数字 0～9 和一些字母。七段数码管可分为共阴极七段数码管和共阳极七段数码管两种类型，如图 3-10 所示。

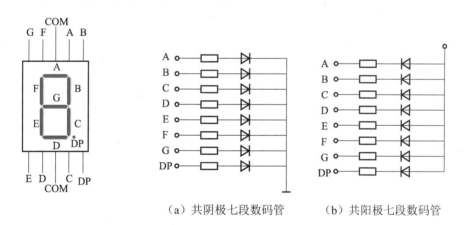

（a）共阴极七段数码管　　　　（b）共阳极七段数码管

图 3-9　七段数码管　　　　　　　图 3-10　七段数码管的类型

在进行编程时，可用 8 位二进制数来表示七段数码管显示的数字，最高位表示 DP 的状态，其余各位从高到低表示 G～A 的状态。当采用共阴极七段数码管时，1 表示对应的 LED 段或小数点点亮，0 表示对应的 LED 段或小数点熄灭。当采用共阳极七段数码管时，0 表示对应的 LED 段或小数点点亮，1 表示对应的 LED 段或小数点熄灭。

例如，当共阴极七段数码管显示字符为 0 时，仅有 DP 和 G 为 0，二进制数为 00111111，十六进制数为 H3F，即从连接共阴极七段数码管的 PLC 输出端输出 H3F。这些与七段数码管显示字符相联系的数据称为**字形码**。共阴极和共阳极七段数码管的字形码如表 3-9 所示。

表 3-9　共阴极和共阳极七段数码管的字形码

显示字符	共阴极七段数码管		共阳极七段数码管		显示字符	共阴极七段数码管		共阳极七段数码管	
	二进制数	十六进制数	二进制数	十六进制数		二进制数	十六进制数	二进制数	十六进制数
0	00111111	H3F	11000000	HC0	0.	10111111	HBF	01000000	H40
1	00000110	H6	11111001	HF9	1.	10000110	H86	01111001	H79
2	01011011	H5B	10100100	HA4	2.	11011011	HDB	00100100	H24
3	01001111	H4F	10110000	HB0	3.	11001111	HCF	00110000	H30
4	01100110	H66	10011001	H99	4.	11100110	HE6	00011001	H19
5	01101101	H6D	10010010	H92	5.	11101101	HED	00010010	H12
6	01111101	H7D	10000010	H82	6.	11111101	HFD	00000010	H2
7	00000111	H7	11111000	HF8	7.	10000111	H87	01111000	H78
8	01111111	H7F	10000000	H80	8.	11111111	HFF	00000000	H0
9	01101111	H6F	10010000	H90	9.	11101111	HEF	00010000	H10

 知识链接

1. 二进制数、八进制数和十六进制数转换为十进制数

十进制数可以按权展开。例如，十进制数 132.5 可展开为

$$132.5 = 1 \times 10^2 + 3 \times 10^1 + 2 \times 10^0 + 5 \times 10^{-1}$$

由此可知，任意一个十进制数 D 可展开为

$$(D)_{10} = k_{n-1}10^{n-1} + k_{n-2}10^{n-2} + \cdots + k_1 10^1 + k_0 10^0 + k_{-1}10^{-1} + \cdots + k_{-m}10^{-m} = \sum_{i=-m}^{n-1} k_i 10^i$$

式中：

k_i——各数字符号，为 0～9 这 10 个数码中的一个；

n——整数的总位数；

m——小数的总位数。

任意进制数均可按上式的形式展开，用各进制数的基数（如二进制数的基数为 2）取代上式中的"10"即可，并由此转换为十进制数。

例如，将 $(1001)_2$、$(256)_8$、$(F3)_{16}$ 转换为十进制数，则

$$(1001)_2 = 1 \times 2^3 + 0 \times 2^2 + 0 \times 2^1 + 1 \times 2^0 = (9)_{10}$$

$$(256)_8 = 2 \times 8^2 + 5 \times 8^1 + 6 \times 8^0 = (174)_{10}$$

$$(F3)_{16} = 15 \times 16^1 + 3 \times 16^0 = (243)_{10}$$

2. 二进制数与十六进制数之间的相互转换

由于十六进制数的基数为 16，$16 = 2^4$，因此，4 位二进制数就相当于 1 位十六进制数。二进制数转换为十六进制数的方法：将二进制数整数部分从低位到高位每 4 位分为一组，最后不满 4 位者在前面加 0，每组以等值的十六进制数代替；同时将二进制数小数部分从高位到低位每 4 位分为一组，最后不满 4 位者在后面加 0，每组以等值的十六进制数代替。

例如，将 $(00111111)_2$ 转换为十六进制数，则可将其分为 $(0011)_2$ 和 $(1111)_2$。由于 $(0011)_2 = (3)_{16}$，$(1111)_2 = (15)_{10} = (F)_{16}$，因此 $(00111111)_2 = (3F)_{16}$

同理，若要将十六进制数转换为二进制数，只需要将十六进制数每位以等值的 4 位二进制数代替即可。

（二）七段译码指令

七段译码指令通过控制各段 LED 或小数点的亮灭来使七段数码管显示不同的字符，其编号、功能、操作数如表 3-10 所示。七段译码指令通常是将源操作数的二进制数（或十六进制数）译码后送到七段数码管，目标操作数的低 8 位用来存放译码信号，高 8 位不变。若源操作数大于 4 位，则只对最低 4 位译码。

表 3-10　七段译码指令

名称、助记符	编号	功能	操作数	
			[S.]	[D.]
七段译码指令 SEGD	FNC73	将源操作数中的数据译成与其对应的字形码，并传送到目标操作数中	K、H、KnX、KnY、KnM、KnS、T、C、D、V、Z	KnY、KnM、KnS、T、C、D、V、Z

对 5 和 1 执行七段译码指令的梯形图如图 3-11 所示，设其采用共阴极七段数码管。当上升沿 X000 接通时，对 5 执行七段译码指令，并将 5 存放在 K2Y000 中，即输出继电器 Y7～Y0 的状态为 01101101。当上升沿 X001 接通时，1 被传送到 D0 中，然后对 D0 = 1 执行七段译码指令，此时输出继电器 Y7～Y0 的状态为 00000110。

图 3-11　对 5 和 1 执行七段译码指令的梯形图

任务分析

在掌握了功能指令的格式、位组合元件、比较指令、区间复位指令、传送指令、七段数码管及七段译码指令等知识后，开始进行七段数码管 9 s 倒计时控制程序设计。

本任务采用共阴极七段数码管进行 9 s 倒计时控制，其工作过程：按下启动按钮 SB1，七段数码管开始显示，显示的顺序为 9、8、7、6、5、4、3、2、1、0，再返回初始显示，并进行循环；按下暂停按钮 SB2，七段数码管显示当前数字；按下停止按钮 SB3，七段数码管熄灭。

完成该任务的主要步骤如下。

（1）根据七段数码管 9 s 倒计时控制的工作过程，进行程序编写。

（2）对编写好的程序进行仿真调试。

（3）将程序下载到 PLC 中，按照 I/O 接线图进行接线，先后改变 SB1、SB2、SB3 的状态，观察七段数码管的工作状态。

任务实施——七段数码管 9 s 倒计时控制程序设计

1. 程序编写

分析完任务后，首先使用梯形图进行程序编写。

（1）按照七段数码管 9 s 倒计时控制的工作过程分配 I/O 端子，如表 3-11 所示。

表 3-11　七段数码管 9 s 倒计时控制的 I/O 端子分配表

输入			输出		
元件代号	作用	输入端子	元件代号	作用	输出端子
SB1	启动七段数码管	X0	A～G	显示数字	Y0～Y6
SB2	使七段数码管暂停	X1			
SB3	使七段数码管停止	X2			

（2）按照表 3-11 绘制七段数码管 9 s 倒计时控制的 I/O 接线图，如图 3-12 所示。

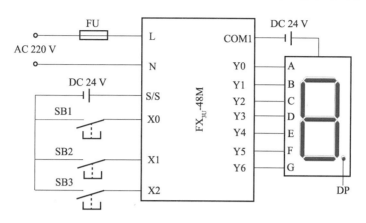

图 3-12 七段数码管 9 s 倒计时控制的 I/O 接线图

（3）根据工作过程，在编程软件中设计七段数码管 9 s 倒计时控制的梯形图。可通过传送指令和七段译码指令来进行设计。

① 传送指令。当按下 SB1 时，七段数码管应每隔 1 s 显示一次数字，且显示顺序为 9、8、7、6、5、4、3、2、1、0。此时应使用定时器进行定时，使用 M0～M9 分别将 9～0 的十六进制字形码依次寄存到 D0 中。当按下 SB2 时，可以使程序停止扫描，为保证 D0 中的数据不会改变，应实时将 D0 中的数据放入 K2Y000 中。当按下 SB3 时，将 0 传送到 D0，将 D0 清零，关闭 9 s 倒计时。使用传送指令实现七段数码管 9 s 倒计时控制的梯形图如图 3-13 所示。

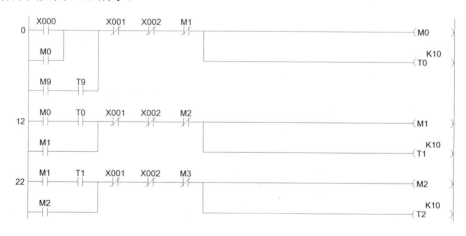

......

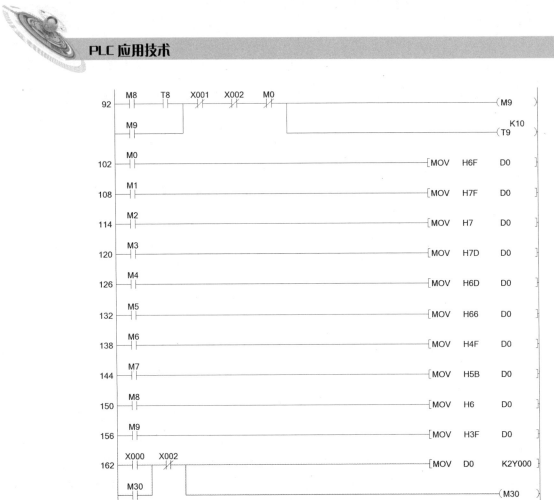

图 3-13　使用传送指令实现七段数码管 9 s 倒计时控制的梯形图

举一反三

　　本任务采用共阴极七段数码管，所以在进行编程时应正确选择字形码。此外，由于循环显示数字 9～0，梯形图中省略号所省略的内容与前后部分类似，请同学们自行进行补充。

　　② 七段译码指令。使用七段译码指令实现七段数码管 9 s 倒计时控制，只需要在图 3-13 的基础上，将传送指令替换成七段译码指令即可，如图 3-14 所示。

图 3-14 使用七段译码指令实现七段数码管 9 s 倒计时控制的部分梯形图

2．程序仿真调试

编写好程序后，需要对其进行仿真调试。

（1）将程序从编程软件下载到仿真软件中。

（2）首先，改变常开触点 X000 的状态，观察定时器是否正常计时，线圈 M0～M9 是否按顺序每隔 1 s 得电；其次，改变常闭触点 X001 的状态，观察 D0 中的数据是否暂停；最后，改变常开触点 X002 的状态，观察程序是否停止执行。综上，判断程序是否符合控制要求。

（3）若程序符合控制要求，则表明程序正确，保存程序即可；若程序不符合控制要求，则应仔细分析，找出原因，重新修改程序，直到程序符合控制要求。

使用传送指令实现七段数码管 9 s 倒计时控制的程序仿真结果应如图 3-15 所示。图 3-15（a）是改变常开触点 X000 的状态，七段数码管显示 9 时的状态；图 3-15（b）是改变常闭触点 X001 的状态，七段数码管停在 6 时的状态；图 3-15（c）是改变常开触点 X002 的状态时，七段数码管熄灭时的状态。

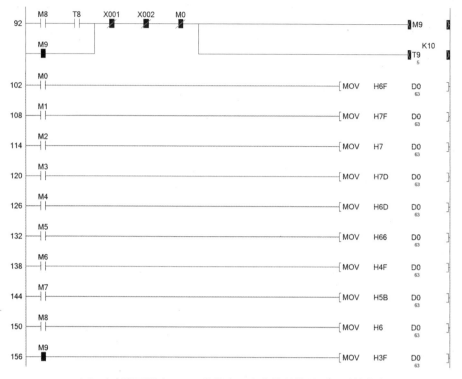

（a）改变常开触点 X000 的状态，七段数码管显示 9 时的状态

（b）改变常闭触点 X001 的状态，七段数码管停在 6 时的状态

（c）改变常开触点 X002 的状态，七段数码管熄灭时的状态

图 3-15　使用传送指令的七段数码管 9 s 倒计时控制的程序仿真结果

请对使用七段译码指令实现七段数码管9 s倒计时控制的梯形图进行仿真调试。

3．程序运行

调试好程序后，将其下载到 PLC 上，运行程序并实现七段数码管9 s倒计时控制。

（1）根据图 3-12 进行 I/O 接线，并检查有无短路及断路现象，如图 3-16 所示。

（2）将运行模式选择开关置于 RUN 位置，使 PLC 进入运行模式。

七段数码管9 s倒计时控制
程序运行

（3）先后改变 SB1、SB2、SB3 的状态，观察七段数码管是否按要求进行9 s倒计时、暂停和熄灭。结果显示该程序能控制七段数码管9 s倒计时。

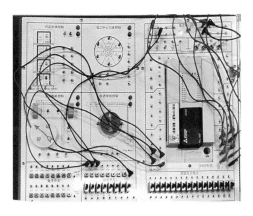
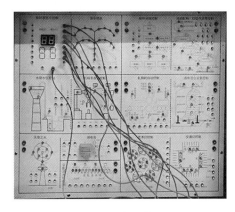

（a）PLC 端　　　　　　　　　　　　（b）七段数码管端

图 3-16　七段数码管9 s倒计时控制的 I/O 接线

拓展进阶

现要求七段数码管循环显示 8、6、4、2，并且两个数之间相差 2 s 显示，请按此要求编写梯形图。

（1）拓展任务分析。改进七段数码管控制的工作过程如下。

① 按下启动按钮 SB1，七段数码管开始显示数字，显示顺序为 8、6、4、2，间隔时间为 2 s，并进行循环显示。

② 按下暂停按钮 SB2，七段数码管显示当前数字。

③ 按下停止按钮 SB3，七段数码管熄灭。

（2）改进七段数码管控制的 I/O 端子分配表及 I/O 接线图都与任务实施一致，在此不再赘述。

（3）根据工作过程，在编程软件中使用传送指令实现改进七段数码管控制的梯形图，如图 3-17 所示。

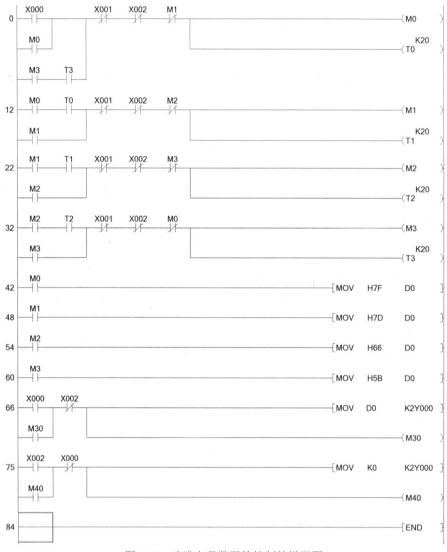

图 3-17　改进七段数码管控制的梯形图

任务二　算式运算控制

任务引入

在 PLC 的实际应用中，数据运算是非常重要的一部分，尤其在处理液位、风压、水温等工程量数据的过程中。这些数据通常需要经过传感器转换为数字信号，然后 PLC 会对这些数字信号进行处理，如四则运算（加、减、乘、除）。本任务要求能够实现 38X/304＋2 的运算，X 代表 K2X0 输入的 8 位二进制数，运算结果需要通过二极管显示出来。

本任务将先介绍跳转指令、四则运算指令、加 1 和减 1 指令、循环起点和结束指令、子程序调用返回指令、循环和移位指令等知识，再进行算式运算控制程序设计。

任务工单

请扫描下方的二维码，获取任务工单。根据任务工单，学生可以课前预习相关知识，课后按步骤进行任务实施，提高操作技能。

一、跳转指令

跳转指令主要用来跳过某些程序段，来选择执行指定的程序段，其编号、功能和操作数如表 3-12 所示。它的操作数只有指针 P，用来指示跳转指令的跳转目标和跳转程序的入口标号。在梯形图中，指针放在左母线的左边，包括 P0～P127，共 128 点，允许用变址寄存器修改指针地址。其中，P63 表示跳转到 END，不需要标记。

表 3-12　跳转指令

名称、助记符	编号	功能	操作数
跳转指令 CJ(P)	FNC00	当执行条件满足时，使程序直接跳转到以指针为入口标号的程序段并执行，而跳转指令与指针之间的程序不再执行	P

自动程序与手动程序切换的梯形图中常使用跳转指令，如图 3-18 所示。当执行自动程序与手动程序时，都需要执行的程序为公用程序。当常开触点 X010 断开时，将执行手动程序并跳过自动程序；当常开触点 X010 闭合时，将跳过手动程序，跳到以 P0 为入口

标号的程序段，执行自动程序。

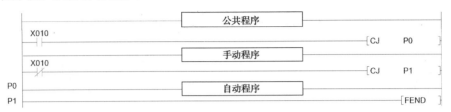

图 3-18　自动程序与手动程序切换的梯形图

使用跳转指令的注意事项如下。

（1）在同一程序中位于不同程序段的程序不会被同时执行，所以同一线圈可应用于不同程序段中。

（2）不同跳转指令可使用同一指针。如图 3-19 所示，无论是常开触点 X020 还是常开触点 X021 闭合，都可以跳转到 P9。

图 3-19　不同跳转指令可使用同一指针

（3）指针一般设在跳转指令之后，但也可以设在跳转指令之前。若指针在前造成程序的执行时间超过了设定值，则程序就会出错。

（4）跳转指令只执行一个扫描周期，若将辅助继电器 M8000 作为跳转指令的执行条件，则程序无条件跳转。

【应用举例1】某设备具有手动和自动两种操作方式，其控制要求如下。

（1）当操作方式选择开关 SB3 断开时，该设备采用手动操作方式；当 SB3 闭合时，该设备采用自动操作方式。

（2）在手动操作方式下，按下启动按钮 SB2，电动机启动；按下停止按钮 SB1，电动机停止运转。

（3）在自动操作方式下，按下 SB2，电动机连续运转，1 min 后，自动停止运转；按下 SB1，电动机停止运转。

请按以上控制要求编写梯形图。

解：设备采用手动和自动操作方式控制的梯形图如图 3-20 所示。常闭触点 X001 表示 SB1，常开触点 X002 表示 SB2，常开触点 X003 表示 SB3。

（1）当常开触点 X003 断开时，按顺序执行程序，即常开触点 X002 闭合，线圈 Y000 得电，常开触点 X002 断开，线圈 Y000 失电。程序执行到第 8 步所在行时，跳转到 P1，但 P1 处无程序，进而程序执行结束。

（2）当常开触点 X003 闭合时，执行 P0 处的程序，即常开触点 X002 闭合，线圈 Y000 得电，同时 T0 开始计时，1 min 后，线圈 Y000 失电。

（3）当常闭触点 X001 断开时，无论常开触点 X003 是断开还是闭合，线圈 Y000 都失电。

图 3-20　设备采用手动和自动操作方式控制的梯形图

二、四则运算指令

在进行 PLC 编程过程中，当涉及对采集的数据进行处理时，常常会用到四则运算指令，即加法指令、减法指令、乘法指令和除法指令。通过使用这些指令，PLC 能够灵活地处理来自不同传感器的数据，并做出准确的控制决策。

（一）加法指令

加法指令可进行 16 位和 32 位二进制数的加法运算，其编号、功能和操作数如表 3-13 所示。

表 3-13　加法指令

名称、助记符	编号	功能	操作数	
			[S.]	[D.]
加法指令 (D)ADD	FNC20	将两个源操作数中的数据相加，并将结果存放在目标操作数中	K、H、KnX、KnY、KnM、KnS、T、C、D、V、Z	KnY、KnM、KnS、T、C、D、V、Z

下面以 345 与 678 相加的梯形图（见图 3-21）为例，介绍加法指令的梯形图。当 PLC 运行时，加法指令先将十进制数 345 与 678 换算为二进制数，再进行加法运算，并将运算结果存放在数据寄存器 D20 中。

图 3-21 345 与 678 相加的梯形图

当加法指令进行 32 位二进制数的加法运算时，其操作数的存放结构与 16 位二进制数不同。以[DADD D0 D10 D20]为例介绍操作数为 32 位二进制数时的存放结构，如图 3-22 所示。被加数的低 16 位存放在 D0 中，高 16 位存放在 D1 中；加数的低 16 位存放在 D10 中，高 16 位存放在 D11 中；和的低 16 位存放在 D20 中，高 16 位存放在 D21 中。

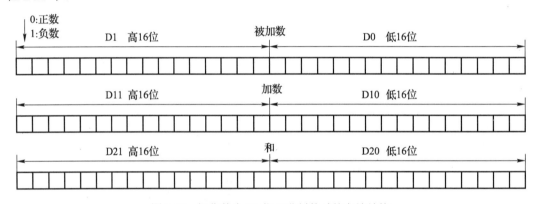

图 3-22 操作数为 32 位二进制数时的存放结构

经验传承

> 四则运算指令操作数中的数据均为有符号的二进制数，其最高位为符号位。若符号位为 0，则表示数值为一个正数；若符号位为 1，则表示数值为一个负数。

（二）减法指令

减法指令可进行 16 位和 32 位二进制数的减法运算，其编号、功能和操作数如表 3-14 所示。

表 3-14 减法指令

名称、助记符	编号	功能	操作数	
			[S.]	[D.]
减法指令 (D)SUB	FNC21	将两个源操作数中的数据相减，并将结果存放在目标操作数中	K 、 H 、 KnX 、 KnY 、 KnM 、 KnS 、 T 、 C 、 D 、 V 、 Z	KnY 、 KnM 、 KnS 、 T 、 C 、 D 、 V 、 Z

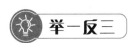 举一反三

请说一说[DSUB D0 D10 D20]中被减数、减数、差为 32 位二进制数时的存放结构。

（三）乘法指令

乘法指令可进行乘法运算，其编号、功能和操作数如表 3-15 所示。它的源操作数大多为 16 位二进制数，两个 16 位二进制数相乘后为 32 位，需要存放在目标操作数及其下一位中。

表 3-15 乘法指令

名称、助记符	编号	功能	操作数	
			[S.]	[D.]
乘法指令 (D)MUL(P)	FNC 22	将两个源操作数中的数据相乘，并将结果存放在 [D.]+1 和[D.]中	K、H、KnX、KnY、KnM、KnS、T、C、D、V、Z	KnY、KnM、KnS、T、C、D、V、Z

下面以 D1 与 D2 中数据相乘的梯形图（见图 3-23）为例，介绍乘法指令的梯形图。当常开触点 X010 闭合时，D1 与 D2 中的数据相乘，乘积存放在 D4、D3 中。由于 D1 和 D2 中的数据都为 16 位二进制数，因此其乘积为 32 位二进制数，乘积的高 16 位存放在 D4 中，低 16 位存放在 D3 中。

```
   X010
0 ─┤├─                                          ─[MUL  D1    D2    D3 ]
```

图 3-23 D1 与 D2 中数据相乘的梯形图

（四）除法指令

除法指令可进行除法运算，其编号、功能和操作数如表 3-16 所示。除法运算通常会有余数产生，除法指令将商存放在目标操作数中，余数存放在目标操作数的下一位中。

表 3-16 除法指令

名称、助记符	编号	功能	操作数	
			[S.]	[D.]
除法指令 (D)DIV(P)	FNC23	将两个源操作数中的数据相除，并将商和余数的分别存放在[D.]和[D.]+1 中	K、H、KnX、KnY、KnM、KnS、T、C、D、V、Z	KnY、KnM、KnS、T、C、D、V、Z

下面以 D10 和 D11 中数据相除的梯形图（见图 3-24）为例，介绍除法指令的梯形图。当常开触点 X011 闭合时，D10 中的数据除以 D11 中的数据，并将商存放在 D12

中，余数存放在 D13 中。

图 3-24　D10 和 D11 中数据相除的梯形图

　　若四则运算指令的运算结果为 0，则零标志位 M8020 为 1，可用加法指令来判断两个数是否为相反数，用减法指令来判断两个数是否相等。

　　除法指令的[S2.]不能为 0，否则程序不能执行，并导致运算错误标志位 M8067 为 1。

三、加 1 和减 1 指令

　　加 1 和减 1 指令的编号、功能、目标操作数和梯形图如表 3-17 所示。在实际控制中，一般不允许在每个扫描周期都存在目标操作数加 1 或减 1 的连续执行方式，因此，加 1 和减 1 指令经常使用脉冲执行方式。

表 3-17　加 1 和减 1 指令

名称、助记符	编号	功能	目标操作数	梯形图
加 1 指令 INC(P)	FNC24	将目标操作数中的数据加 1	KnY、KnM、KnS、T、C、D、V、Z	0 ├─┤X010├─────────[INCP D10]
减 1 指令 DEC(P)	FNC25	将目标操作数中的数据减 1		0 ├─┤X020├─────────[DECP D20]

　　【应用举例 2】使用加 1 指令编写跑马灯控制的梯形图，要求 16 盏灯每隔 1 s 循环点亮。

　　解：跑马灯控制的梯形图如图 3-25 所示。当常开触点 M10 闭合时，线圈 Y000Z0 得电。由于 M8013 为 1 s 的时钟脉冲，因此每隔 1 s，将变址寄存器 Z0 中的数据加 1，即线圈 Y000Z0 每隔 1 s 循环得电，且每过一个扫描周期将 Y000～Y017 区域性复位一次。当 Z0 中的数据大于等于 16 时，Z0 清零。

图 3-25　跑马灯控制的梯形图

七段数码管 9 s 倒计时控制也可采用加 1 指令进行程序设计，即将要显示的数值放入某一数据寄存器中，并采用加 1 指令改变数值。请以小组为单位进行此程序的设计。

四、循环起点和结束指令

循环起点和结束指令即循环起点指令和循环结束指令，它们必须成对使用，其编号、功能和目标操作数如表 3-18 所示。循环起点和结束指令不需要执行条件，只有目标操作数，而没有源操作数。循环起点和结束指令只有连续执行方式，可以嵌套，但最多嵌套 5 层。

表 3-18　循环起点和结束指令

名称、助记符	编号	功能	目标操作数
循环起点指令 FOR	FNC08	使一段程序反复执行 n 次，n 由目标操作数决定	K、H、KnX、KnY、KnM、KnS、T、C、D、V、Z，其中 K 最常用
循环结束指令 NEXT	FNC09		无

循环起点和结束指令的应用如图 3-26 所示，在一个扫描周期内，从循环开始，到循环体反复被执行 10 次，再到循环结束，然后执行 NEXT 的下一条指令。其中，循环体是指 FOR 与 NEXT 之间的程序。

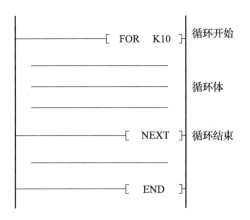

图 3-26　循环起点和结束指令的应用

【应用举例 3】使用 PLC 编程：求 0～100 的和，并将和存放在 D0 中。用普通的循环起点和结束指令、嵌套的循环起点和结束指令分别编写梯形图。

解：（1）用普通的循环起点和结束指令编写的梯形图如图 3-27 所示，循环执行加 1 指令和加法指令 100 次，即可求出 0～100 的和。

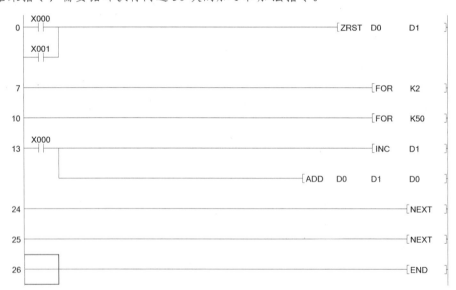

图 3-27　用普通的循环起点和结束指令编写的梯形图

（2）用嵌套的循环起点和结束指令编写的梯形图如图 3-28 所示，嵌套了一个循环起点和结束指令，需要循环执行两遍 50 次的加 1 和加法指令。

图 3-28　用嵌套的循环起点和结束指令编写的梯形图

五、子程序调用返回指令

当系统规模很大，控制要求复杂时，一些程序可能反复执行，如标定变换运算程序、排序程序、报警程序、通信校验程序等。若将这些程序编成子程序，则可使主程序简单清晰，程序容量减少，扫描周期也相应缩短。

子程序调用返回指令包括子程序调用指令和子程序返回指令，它们必须成对使用。子程序调用返回指令的编号、功能和操作数如表 3-19 所示。子程序调用指令的指针编号与跳转指令相同，但同一编号的指针不能同时被跳转指令和子程序调用指令共用。

表 3-19　子程序调用返回指令

名称、助记符	编号	功能	操作数
子程序调用指令 CALL(P)	FNC01	当执行条件满足时，使程序跳转到指针处，执行子程序	P
子程序返回指令 SRET(P)	FNC02	返回主程序	无

子程序调用返回指令的梯形图如图 3-29 所示。为了区别于主程序，在编写程序时，将主程序写在前面，以主程序结束指令 FEND 结束主程序，将子程序写在 FEND 后面。当主程序带有多个子程序时，子程序可依次排列。

图 3-29 中，当常开触点 X001 闭合时，先跳转到 P1 处执行子程序 1。在执行子程序 1 时，会跳转到 P2 处，执行子程序 2。执行完子程序 2，再返回子程序 1；执行完子程序 1，再返回主程序，继续执行主程序直到结束。

图 3-29　子程序调用返回指令的梯形图

【应用举例 4】有一算式运算的控制要求：设数据寄存器 D0、D1、D2、D3 存储的数据分别为 2、3、−1、7，求它们的代数和；将运算结果存放在 D10 中，并用此结果控制 K1Y000。常开触点 X000 用于计算控制，常开触点 X001 用于清零控制。请按以上控制要求编写梯形图。

解：算式运算控制的梯形图如图 3-30 所示。当常开触点 X000 闭合时，将 2、3、−1、7 分别传送到 D0、D1、D2、D3 中，然后跳转到 P10 处执行子程序，即进行求和运算。求和运算结束后，回到主程序，继续执行 CALL 的下一步指令，将运算结果存放在 D10 和 K1Y000 中，以控制 K1Y000。当常开触点 X001 闭合时，将 0 存放在 K1Y000 中，以将 K1Y000 清零。

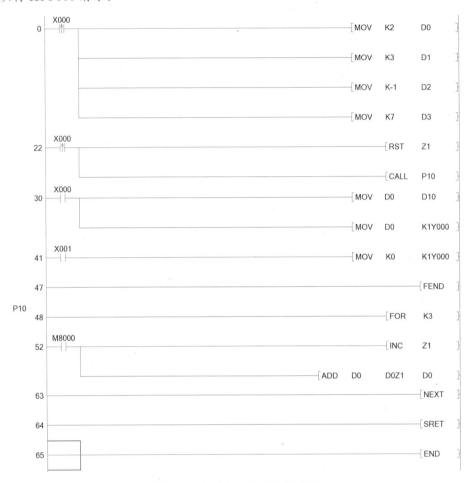

图 3-30　算式运算控制的梯形图

六、循环和移位指令

三菱 FX_{3U} 系列 PLC 的循环和移位指令有很多种，在实际应用中较为常用的有循环右移指令、循环左移指令、位右移指令、位左移指令。

（一）循环右移和循环左移指令

循环右移和循环左移指令用来使一个数循环移位，它们的编号、功能和目标操作数如表 3-20 所示。循环右移和循环左移指令只对目标操作数进行操作，因此其只有目标操作数，没有源操作数。此外，在目标操作数后还需要加数字 n，表示循环的单位，$n \leqslant 16$（32），通常用 K、D 表示。

表 3-20 循环右移和循环左移指令

名称、助记符	编号	功能	目标操作数
循环右移指令 (D)ROR(P)	FNC30	使目标操作数中的二进制数以 n 为单位循环向右移位，移出的最后一位存放在进位标志位 M8022 中	KnY、KnM、KnS、T、C、D、V、Z（位组合元件中 $n=4$ 或 8）
循环左移指令 (D)ROL(P)	FNC31	使目标操作数中的二进制数以 n 为单位循环向左移位，移出的最后一位存放在进位标志位 M8022 中	

以 4 为单位循环右移的梯形图、原理图如图 3-31 所示。若 D0 中的数据为 0001001100000010，则第一次以 4 为单位循环右移后，该数据变为 0010000100110000。

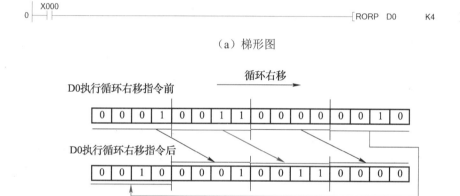

（a）梯形图

（b）原理图

图 3-31 以 4 为单位循环右移的梯形图、原理图

 举一反三

以 4 为单位循环左移的梯形图、原理图与循环右移类似，请自行绘制以 4 为单位循环右移的梯形图、原理图，并进行说明。

（二）位右移和位左移指令

位右移和位左移指令可将一个数向右或向左移动指定的位数。它们的编号、功能和操作数如表 3-21 所示。位右移和位左移指令只有一个源操作数和一个目标操作数，在目标操作数后还需要指明目标操作数的位数 n_1 和移动的位数 n_2，n_1 可用 K、H 表示，n_2 可用 K、H、D 表示。

表 3-21　位右移和位左移指令

名称、助记符	编号	功能	操作数	
			[S.]	[D.]
位右移指令 (D)SFTR(P)	FNC34	目标操作数各位向右移 n_2 位，其低 n_2 位溢出，而源操作数中的数移入目标操作数的高 n_2 位，且源操作数各位状态不变	X、Y、M、S	Y、M、S
位左移指令 (D)SFTL(P)	FNC35	目标操作数各位向左移 n_2 位，其高 n_2 位溢出，而源操作数中的数移入目标操作数的低 n_2 位，且源操作数各位状态不变		

　　目标操作数右移 4 位的梯形图、原理图如图 3-32 所示。若源操作数 X3～X0 为 0010，目标操作数 Y17～Y0 为 0001001100000011，且右移 4 位，则 Y3～Y0 溢出。此时，X3～X0 移入 Y17～Y0 的高 4 位，目标操作数变为 0010000100110000。

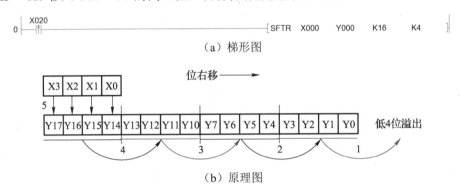

（a）梯形图

（b）原理图

图 3-32　目标操作数右移 4 位的梯形图、原理图

　　目标操作数左移 4 位的梯形图、原理图如图 3-33 所示。若 Y17～Y0 左移 4 位，则 Y17～Y14 溢出。此时，X3～X0 移入 Y17～Y0 的低 4 位，则目标操作数变为 0011000000110010。

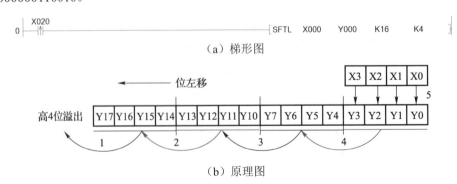

（a）梯形图

（b）原理图

图 3-33　目标操作数左移 4 位的梯形图、原理图

笔记

任务分析

在掌握了跳转指令、四则运算指令、加 1 和减 1 指令、循环起点和结束指令、子程序调用返回指令、循环和移位指令等知识后，开始进行算式运算控制程序设计。

根据控制要求，可知 38X/304 + 2 的运算过程：闭合启停开关 SB9，首先，将 K2X0 中的数据 X 存放在数据寄存器中，K2X0 代表 8 位二进制数，可以通过常开按钮 SB1～SB8 的状态来设置；其次，将 38 与 X 相乘；再次，将相乘结果与 304 相除；最后，将相除结果与 2 相加，并将运算结果存放在 K2Y0 中，通过二极管 L1～L8 显示出来。

完成该任务的主要步骤如下。

（1）根据算式的运算过程，进行程序编写。

（2）对编写好的程序进行仿真调试。

（3）将程序下载到 PLC 中，按照 I/O 接线图进行接线，改变 SB9 的状态，观察算式运算结果是否正确。

任务实施——算式运算控制程序设计

1. 程序编写

分析完任务后，首先使用梯形图进行程序编写。

（1）按照算式运算控制的工作过程分配 I/O 端子，由于 X 表示 K2X0 中的数据，并配有一个启停开关，将运算结果存放在 K2Y0 中，因此需要 9 个输入端子和 8 个输出端子，如表 3-22 所示。

表 3-22 算式运算控制的 I/O 端子分配表

输入			输出		
元件代号	作用	输入端子	元件代号	作用	输出端子
SB9	控制算式运算的启停	X20	L1～L8	输出二进制数	Y0～Y7
SB1～SB8	输入二进制数	X0～X7			

（2）按照表 3-22 绘制算式运算控制的 I/O 接线图，如图 3-34 所示。

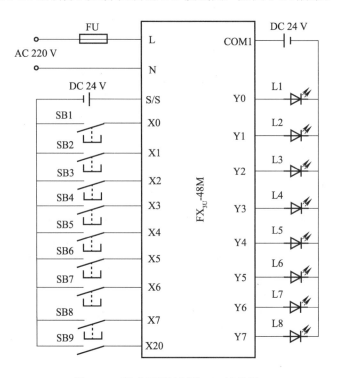

图 3-34　算式运算控制的 I/O 接线图

（3）根据控制要求，在编程软件中设计算式运算控制的梯形图，如图 3-35 所示。

图 3-35　算式运算控制的梯形图

2. 程序仿真调试

编写好程序后，需要对其进行仿真调试。

（1）将程序从编程软件下载到仿真软件中。

（2）改变常开触点 X020 的状态，程序开始执行时 K2X000 中的数据为 0，观察 K2Y000 中的数据与运算结果是否相符；然后手动为 K2X000 赋值，这里赋值为 8，即将 K2X000 改为 K8，改变常开触点 X020 的状态，观察运算结果是否正确。

（3）若运算结果正确，则表明程序正确，保存程序即可；若运算结果不正确，则应仔细分析，找出原因，重新修改程序，直到运算结果正确。

赋值为 8 时的程序仿真结果应如图 3-36 所示。

图 3-36　赋值为 8 时的程序仿真结果

3．程序运行

调试好程序后，将其下载到 PLC 上，运行程序并实现算式运算控制。

（1）根据图 3-34 进行 I/O 接线（见图 3-37），并检查有无短路及断路现象。

（2）将运行模式选择开关置于 RUN 位置，使 PLC 进入运行模式。

算式运算控制程序运行

（3）改变 SB1～SB9 的状态，观察二极管所显示的二进制数是否与运算结果相符。结果显示该程序能进行算式运算控制。

图 3-37　算式运算控制的 I/O 接线

拓展进阶

某招牌的流水灯上有 16 盏灯 L1～L16，其控制要求：当按下启动按钮 SB1 时，流水灯先按正序每隔 1 s 点亮，当 L16 点亮时暂停 2 s，然后按反序每隔 1 s 点亮，在 L1 点亮后暂停 2 s，循环上述过程；当按下停止按钮 SB2 时，流水灯熄灭。请按以上控制要求编写梯形图。

（1）拓展任务分析。可将 L1～L16 接于 K4Y000，使用循环左移指令进行正序控制，使用循环右移指令进行反序控制。流水灯控制的工作过程：使 K4Y000 的初始值为0000000000000001，按下 SB1 时，K4Y000 以 1 为单位循环左移，使 L1～L16 依次点亮；当循环至 K4Y000 为1000000000000000 时，暂停 2 s；然后 K4Y000 以 1 为单位循环右移，当循环至初始值时，暂停 2 s；流水灯按以上过程循环工作，直至按下 SB2，所有灯都熄灭。

（2）按照流水灯控制的工作过程分配 I/O 端子，如表 3-23 所示。

表 3-23　流水灯控制的 I/O 端子分配表

输入			输出		
元件代号	作用	输入端子	元件代号	作用	输出端子
SB1	启动流水灯	X0	L1～L8	使流水灯循环点亮	Y0～Y7
SB2	使流水灯熄灭	X1	L9～L16		Y10～Y17

（3）按照表 3-23 绘制流水灯控制的 I/O 接线图，如图 3-38 所示。

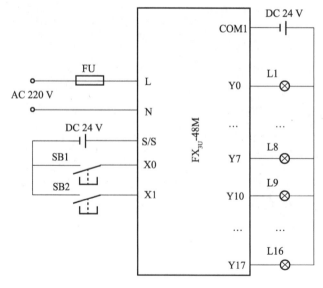

图 3-38　流水灯控制的 I/O 接线图

（4）根据控制要求，在编程软件中设计流水灯控制的梯形图，如图 3-39 所示。

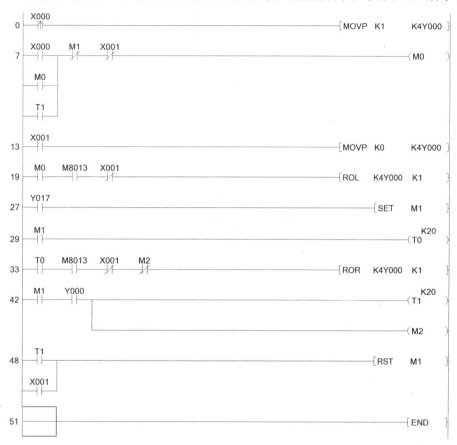

图 3-39　流水灯控制的梯形图

邮件自动分拣控制
程序设计

邮件自动分拣控制
程序运行

专家研讨打造国产高端工控系统 助力装备制造业高质量发展

工控系统在制造业网络化、数字化、智能化转型中发挥着至关重要的作用。2023 年 12 月 27 日，中国工业互联网研究院举办了"国产高端工控系统研讨会"，邀请了多位专家共同探讨国产高端工控系统的发展，为工控安全体系建设建言献策。

中国工业互联网研究院院长鲁春丛表示，开展国产高端工控系统技术攻关、产品研发、行业应用，将有力推动我国工业自动化，特别是工业控制核心技术和产品发展，推动工业现场网络化、数字化、智能化水平提升，助力装备制造业高质量发展。

鲁春丛建议，为促进国产高端工控系统产业发展，可从底层关键技术适配、新型 PLC 产品研发、与人工智能融合创新三方面开展工作。未来，中国工业互联网研究院将积极推动新型工控系统产业生态建设，实现工控领域高端化破局。

中国工程院院士高金吉在主旨报告中介绍了对工控系统、自愈调控系统的定义及发展历程，以及基于人工自愈的故障自愈调控和非正常工况自愈调控系统的研发情况。他表示，该系统有助于智慧健康工厂创建，赋能智能安健流程制造。

中国工程院院士唐立新介绍了工业数据解析与优化基础理论、关键技术及工业循环系统。他提出，建立国家级前沿工业智能与系统优化科学中心，将信息科学群与工程科学群深度交叉，助力国家工业数字化转型升级发展。

中国工业互联网研究院标准所副所长朱浩介绍了新型工业控制系统联合实验室系列研究成果。该实验室目前已对 4 家典型工控企业的 6 款不同类型 PLC 开展性能测试，初步验证了 PLC 同步控制能力。该实验室基于测试结果研制了可编程逻辑控制器、开放式工业自动化软件等的标准。未来，该实验室将与业界共同构建新型工控系统架构、制订新型 PLC 测试标准、开展新型 PLC 产品认证，构筑工业企业新型工业自动化基础设施，助力制造业高质量发展。

（资料来源：赵竹青、吕骞，《专家研讨打造国产高端工控系统 助力装备制造业高质量发展》，人民网，2023 年 12 月 29 日）

项目考核

1. 填空题

（1）功能指令包括_____和_____两部分。

（2）功能指令加上后缀"P"表示_____。

（3）功能指令可处理_____位和_____位的数据。

（4）CALL 和_____是成对使用的。

（5）循环和移位指令包括 ROL、_____、SFTR、_____。

2. 选择题

（1）功能指令加上前缀（　　）表示进行 32 位数的操作。

　　A. A　　　　　　　B. D　　　　　　　C. F　　　　　　　D. P

（2）七段译码指令可将（　　）位二进制数转换为十进制数。

　　A. 1　　　　　　　B. 4　　　　　　　C. 8　　　　　　　D. 16

（3）可用（　　）来判断两个数是否为相反数。

　　A. 加法指令　　　B. 乘法指令　　　C. 减法指令　　　D. 除法指令

（4）二进制数 1011101 等于十进制数的（　　）。

　　A. 92　　　　　　B. 93　　　　　　C. 94　　　　　　D. 95

（5）以下说法错误的是（　　）。

　　A. 串联触点比较指令能直接与左母线相连

　　B. 可将相邻的 4 个位元件组合起来，表示一个 4 位二进制数

　　C. 循环起点指令和循环结束指令必须成对使用

　　D. 指针用来指示跳转指令的跳转目标和跳转程序的入口标号

3. 设计分析题

（1）现有一报警电路，要求按下启动按钮后，报警灯闪烁，亮 0.5 s，灭 0.5 s，闪烁 30 次后熄灭，同时蜂鸣器报警；报警灯熄灭后，蜂鸣器停止报警。现要求每隔 5 s 重复以上过程 3 次，然后自动停止。试用子程序调用返回指令编写此报警电路控制的梯形图。

（2）有一组灯 L1～L8，要求隔灯点亮，即 L1、L3、L5、L7 或 L2、L4、L6、L8 点亮，每 2 s 变换一次，反复进行。设置启停开关并连接 X0，L1～L8 连接 Y0～Y7，试编写此组灯控制的梯形图。

（3）某密码锁有 12 个按钮，它们分别连接 X0～X13。其中，X0～X3 表示第一个十六进制数；X4～X7 表示第 2 个十六进制数；X10～X13 表示第 3 个十六进制数。密码锁的控制要求：每次同时按 4 个键，共按 4 次，若所按键与密码锁的设定值相符合，则密码锁在 3 s 后开启，且在 10 s 后重新锁定。请使用比较指令编写密码锁控制的梯形图。

（4）某车间有 8 个工作台，运料车往返于各工作台之间送料，如图 3-40 所示。每个工作台设有一个限位开关（如 SQ0）和一个呼叫按钮（如 SB0），运料车开始应能停留在 8 个工作台中任意一个限位开关的位置上，系统受启停开关 SQ 的控制。

运料车的控制要求：当运料车暂停位置的限位开关编号大于呼叫按钮的编号时，运料车往左行驶至该呼叫按钮位置；当运料车暂停位置的限位开关编号小于呼叫按钮的编号时，运料车往右行驶至该呼叫按钮位置。根据以上控制要求，试用传送指令和比较指令编写运料车控制的梯形图。

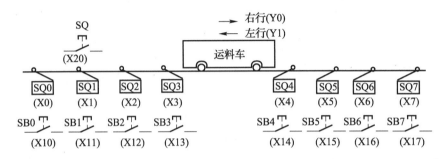

图 3-40　运料车工作示意图

项目评价

指导教师根据学生的实际学习成果进行评价，学生配合指导教师共同完成学习成果评价表，如表 3-24 所示。

表 3-24　学习成果评价表

班级		组号		日期	
姓名		学号		指导教师	
评价项目	评价内容			满分/分	评分/分
知识 （40%）	功能指令的格式			4	
	位组合元件			4	
	比较指令、区间复位指令、传送指令			10	
	七段数码管及七段译码指令			5	
	跳转指令、四则运算指令、加 1 和减 1 指令			6	
	循环起点和结束指令			5	
	子程序调用返回指令、循环和移位指令			6	
技能 （40%）	能够完成七段数码管 9 s 倒计时控制程序设计			10	
	能够完成改进七段数码管控制程序设计			10	
	能够完成算式运算控制程序设计			10	
	能够完成流水灯控制程序设计			10	
素质 （20%）	积极参加教学活动，主动学习、思考、讨论			5	
	认真负责，按时完成学习、训练任务			5	
	团结协作，与组员之间密切配合			5	
	服从指挥，遵守课堂纪律			5	
合计				100	
自我评价					
指导教师 评价					

项目四

PLC 顺序控制设计法的应用

项目导读

　　顺序控制设计法是 PLC 编程中常用的方法。当生产过程划分成几个连续的阶段时，使用顺序控制设计法进行 PLC 编程是非常有效的。在三菱 FX$_{3U}$ 系列 PLC 中，可以使用基本指令或步进指令进行 PLC 程序的顺序控制设计。

　　本项目在介绍 PLC 程序的顺序控制设计法、将顺序功能图转换为梯形图的方法、步进指令、使用步进指令将顺序功能图转换为梯形图的方法等知识的基础上，实现两种液体混合控制、运料车自动往返控制程序设计。

知识目标

　　◆　掌握 PLC 程序的顺序控制设计法、将顺序功能图转换为梯形图的方法。
　　◆　掌握步进指令、使用步进指令将顺序功能图转换为梯形图的方法。

技能目标

　　◆　能够完成两种液体混合控制程序设计。
　　◆　能够完成运料车自动往返控制程序设计。

素质目标

　　◆　培养清晰、正确的逻辑思维。
　　◆　培养敢于担当、勇于作为的社会责任感。
　　◆　培养追求卓越、精益求精的工匠精神。

任务一 两种液体混合控制

任务引入

两种液体混合控制如图 4-1 所示，它通常应用于饮料厂、酒厂、农药厂等工厂中液体的配制。两种液体混合的控制要求如下。

（1）按下启动按钮 SB1，使容器放空后，液体 A 流入容器，当液面到达液位传感器 S2 处时，液体 A 停止流入，液体 B 流入容器；当液面到达液位传感器 S1 处时，液体 B 停止流入，搅匀电动机 M 运转 30 s，然后放出混合液体；当液面下降到液位传感器 S3 处时，计时 10 s，使容器放空；液体 A 继续流入容器，进入下一周期。

（2）按下停止按钮 SB2，在完成当前周期的控制后，两种液体混合控制停止。

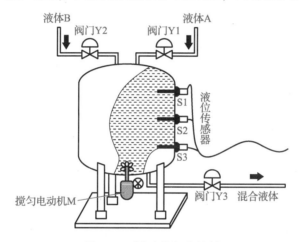

图 4-1 两种液体混合控制

本任务将先介绍 PLC 程序的顺序控制设计法、顺序功能图、将顺序功能图转换为梯形图的方法等知识，再进行两种液体混合控制程序设计。

任务工单

请扫描下方的二维码，获取任务工单。根据任务工单，学生可以课前预习相关知识，课后按步骤进行任务实施，提高操作技能。

一、PLC 程序的顺序控制设计法

顺序控制是指根据生产工艺所规定的程序，各执行机构在输入信号的控制下，按照时间顺序或其他逻辑顺序，自动而有序地执行规定的动作。该方法较易被初学者接受，也会提高有经验工程师的设计效率，并且便于进行程序的阅读和调试。

顺序控制设计法的设计思想是将控制系统划分为若干顺序相连的子系统，对每个子系统按顺序进行编程，使执行机构能够按顺序一步一步动作。设计步骤是首先根据控制要求，画出顺序功能图（SFC），然后根据顺序功能图编写梯形图。

二、顺序功能图

顺序功能图是一种描述控制系统的控制过程、功能和特性的图形，其结构和类型如下。

（一）顺序功能图的结构

顺序功能图由步、动作、有向连线、转换和转换条件等构成，如图 4-2 所示。在顺序功能图中，如果某一转换的所有前级步都是活动步，并且满足相应的转换条件，则控制系统将会触发这一转换，进入后续步。

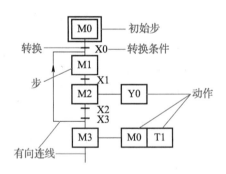

图 4-2　顺序功能图的结构

1. 步

步是指在控制系统的一个工作周期内，划分的若干顺序相连的阶段。在顺序功能图中，步用矩形框表示，框内为步的编号，可用辅助继电器（M）或状态继电器（S）表示。每一步一般有明确的输出，步与步之间通过指定的条件进行转换，以完成控制系统的全部工作。步可分为初始步、活动步、非活动步。

（1）初始步。与控制系统初始状态相对应的步称为初始步，用矩形双线框表示。每个顺序功能图至少有一个初始步。控制系统在进入自动控制之前，首先进入规定的初始状态。初始步一般是控制系统等待启动命令、相对静止的状态。

（2）活动步。处于活动状态的步称为活动步。

（3）非活动步。处于非活动状态的步称为非活动步。

2．动作

动作是指每一步对应的输出（如Y0）或指令（如RST Y0）。当控制系统处于活动步时，相应的动作被执行；当控制系统处于非活动步时，相应的动作被停止。

在顺序功能图中，每一个动作都关系到整个控制系统的正常运行和产品质量。就像在实际生活中，我们每个人的工作都对整个社会具有重要意义。因此，我们必须深刻认识到自己肩负的责任和使命，以更加严谨、认真的态度去钻研知识，不断提升自己的专业素养和技能水平，在未来的职业生涯中成为一个有担当、有责任感的人。

3．有向连线

有向连线是指各步之间的连接线，它决定了步的转换方向和转换途径。在画顺序功能图时，将代表各步的矩形框按动作的先后顺序排列，然后用有向连线连接起来。步的矩形框一般连接两条及以上的有向连线，其中一条为输入线，表示上一步的状态，另一条为输出线，表示下一步的状态，并且可能伴随着一个或多个动作。

步默认的变化方向是从上到下，从左到右，在这两个方向上的有向连线一般不需要标明箭头。但是对于自下而上及其他方向的有向连线，必须用箭头标明转换方向。

4．转换和转换条件

转换是指与有向连线相垂直的短横线。它使相邻的两步分隔开，其旁边一般标注相应的转换条件。步的活动状态进展是由转换来完成的，转换与控制过程的进展相对应。

转换条件是指改变PLC状态的控制信号。它可以是外部的输入信号，如按钮、开关、传感器等，也可以是PLC内部产生的控制信号，如定时器、计数器的触点。

转换条件可能为常开触点，也可能为常闭触点。当转换条件为常开触点时，用软元件的编号表示即可，如X0；当转换条件为常闭触点时，可用软元件编号的非门逻辑表达式表示，如$\overline{X0}$。此外，同一转换处可能有多个转换条件，如图4-2中的X2和X3。不同分支间的转换条件可以相同，也可以不同。

（二）顺序功能图的类型

控制要求不同，顺序功能图的类型也不同。按照步与步之间连接结构的不同，顺序功能图可分为单序列、选择序列和并行序列3种，如图4-3所示。

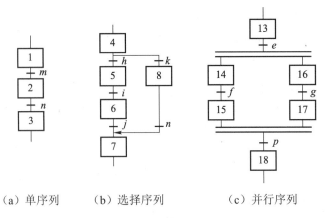

（a）单序列　　　（b）选择序列　　　（c）并行序列

图 4-3　顺序功能图的 3 种类型

1．单序列顺序功能图

如图 4-3（a）所示，单序列顺序功能图由一系列相继激活的步组成，图中无分支。

单序列顺序功能图的特点：① 只有一个初始状态；② 步与步之间使用自上而下的串联连接方式；③ 除初始状态和结束状态之外，转换方向始终是自上而下、固定不变的；④ 除转换瞬间之外，一般只有一步为活动步，其余步都为非活动步；⑤ 定时器可以重复使用，但是在相邻的两个步里，不能使用同一个定时器；⑥ 在转换的瞬间，处于一个工作周期内的相邻两步会同时工作，如果在工艺上不允许它们同时工作，必须在程序中加入互锁触点。

2．选择序列顺序功能图

如图 4-3（b）所示，在选择序列顺序功能图的分支处，每次只允许选择一个序列。图中，在步 4 为活动步的情况下，当转换条件 h 有效时，步 4 向步 5 转换；当转换条件 k 有效时，步 4 向步 8 转换。在程序执行过程中，只执行这两个分支中的一个，不能同时执行两个。选择序列的结束即为合并。

3．并行序列顺序功能图

如图 4-3（c）所示，在某一转换之后，并行序列顺序功能图的几个分支被同时激活，它们同时独立工作。在并行序列顺序功能图中，为了强调转换的同时实现，在分支处用双水平线连接。在双水平线之上或之下，只有一个转换条件。并行序列顺序功能图的结束即为合并。在并行序列顺序功能图的设计中，每一个分支处最多允许有 8 个序列，而每个支路的步数不受限制。

在图 4-3（c）中，当步 13 为活动步，且转换条件 e 成立时，步 14、16 同时变为活动步，同时步 13 变为非活动步。当转换条件 p 成立时，步 15、17 转换到步 18，此时步 15、17 同时变为非活动步，而步 18 变为活动步。

【应用举例 1】3 台电动机顺序启动的控制要求：按下启动按钮 SB1，电动机按顺序每隔 2 s 启动，最后一台启动 2 s 后，3 台电动机同时停止运转。请按以上控制要求编写

3台电动机顺序启动的顺序功能图。

解： 根据控制要求可以明确，3台电动机顺序启动的顺序功能图为单序列，如图4-4所示。其中 M0 为初始步，M1、M2、M3 为各时间段的活动步，各步右边矩形框内为对应步的动作。

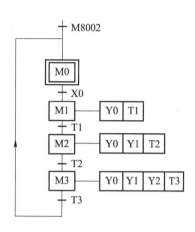

图4-4　3台电动机顺序启动的顺序功能图

三、将顺序功能图转换为梯形图的方法

在进行 PLC 编程时，通常需要将顺序功能图转换为梯形图，使用基本指令即可完成，可以使用启保停电路、置位和复位指令两种方法。

（一）启保停电路法

启保停电路法即使用启保停电路将顺序功能图转换为梯形图的方法，其具有通用性强、编程较容易等特点，常用于继电-接触器控制装置的 PLC 改造。

启保停电路法的原则：前级步相应继电器的常开触点和转换条件串联作为启动信号（启），本步相应继电器的常开触点作为保持信号（保），后续步相应继电器的常闭触点作为停止信号（停）。因此，这种方法的核心是找准每个活动步的前级步和后续步，分别作为启停信号。单序列、选择序列和并行序列顺序功能图都能使用启保停电路法转换为梯形图。

1. **将单序列顺序功能图转换为梯形图**

如图4-5所示，若要使步 M2 变为活动步，则应将前级步 M1 和转换条件 X0 的常开触点串联作为启动信号，以 M2 自身的常开触点作为保持信号，以后续步 M3 的常闭触点作为停止信号。这样构造启保停电路，进行梯形图的转换。

图 4-5　使用启保停电路法将单序列顺序功能图转换为梯形图

2．将选择序列顺序功能图转换为梯形图

在选择序列顺序功能图中，每一个分支相对于其他分支都是独立的，可以构成一个完整的单序列顺序功能图。在转换选择序列顺序功能图时，转换公用的分支节点和合并节点较为复杂。

如图 4-6 所示，使用启保停电路法将选择序列顺序功能图转换为梯形图。步 M2 后面有 3 个分支，它们分别包括步 M3、M4、M5，步 M2 可能转换到不同的分支去，因此可将常闭触点 M3、M4、M5 与线圈 M2 串联，作为步 M2 的停止信号。

3 个分支合并后，进入步 M6。由于步 M6 之前有 3 个分支，因此线圈 M6 的启动信号由 3 个支路并联而成，3 个支路分别包括常开触点 M3 和 X005、常开触点 M4 和 X006、常开触点 M5 和 X007。

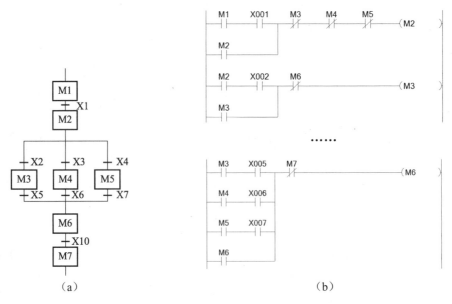

图 4-6　使用启保停电路法将选择序列顺序功能图转换为梯形图

3．将并行序列顺序功能图转换为梯形图

将并行序列顺序功能图转换为梯形图时要注意对分支节点、合并节点的处理。在分

支节点处，后续步同时变为活动步，则后续步的启动信号相同，都为分支节点处步的相应继电器的常开触点与转换条件串联。在合并节点处，前级步同时变为非活动步，可将前级步相应继电器的常开触点与转换条件串联作为后续步的启动信号。

如图 4-7 所示，使用启保停电路法将并行序列顺序功能图转换为梯形图。步 M3 和 M5 为两个并行分支，可将常开触点 M2 和 X002 串联，同时作为线圈 M3 和 M5 的启动信号。步 M4 和 M6 合并后，进入步 M7，可将常开触点 M4、M6、X005 串联，作为线圈 M7 的启动信号。

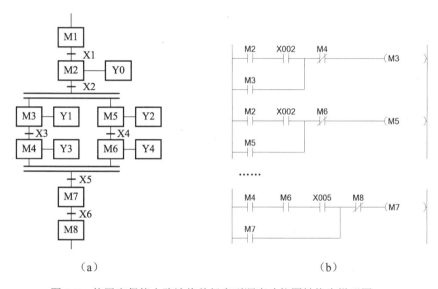

（a）　　　　　　　　　　　　　　　（b）

图 4-7　使用启保停电路法将并行序列顺序功能图转换为梯形图

【应用举例 2】使用启保停电路法，将应用举例 1 的顺序功能图转换为梯形图。

解：应用举例 1 的梯形图如图 4-8 所示。

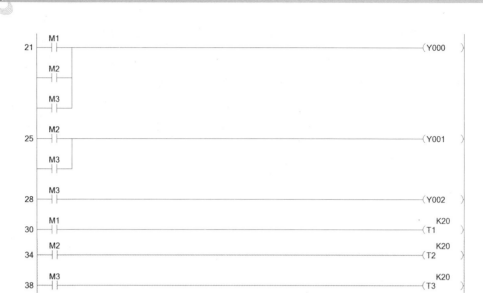

图 4-8　3 台电动机顺序启动的梯形图（启保停电路法）

（二）置位和复位指令法

置位和复位指令法是一种以转换为中心的方法。根据顺序功能图中转换实现的条件和结果，可将顺序功能图转换为梯形图。转换实现的条件：所有的前级步都是活动步，相应的转换条件得到满足。转换实现的结果：所有的后续步变为活动步，前级步变为非活动步。

因此，可将转换后续步的相应继电器置位，前级步的相应继电器复位，并将前级步相应继电器的常开触点与转换条件串联，作为置位和复位指令的执行条件。在使用置位和复位指令法时应遵循一定的规律，以便在设计复杂的梯形图时既容易掌握，又不容易出错。

如图 4-9 所示，使用置位和复位指令法将顺序功能图转换为梯形图。实现图中 X1 对应的转换需要将 M2 置位，将 M1 复位，并将常开触点 M1 和 X001 串联，作为置位和复位指令的执行条件。

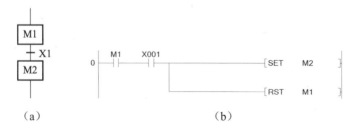

图 4-9　使用置位和复位指令法将顺序功能图转换为梯形图

使用置位和复位指令法，将应用举例1的顺序功能图转换为梯形图。

【应用举例3】某工件的加工路线如图 4-10 所示，其控制要求：按下启动按钮 X4 后，某工件依次完成快进、工进 1、工进 2 和快退 4 个步骤。工件首先快进，快进至 X1 时，开始工进 1，工进 1 至 X2 时，开始工进 2，工进 2 至 X3 时，开始快退，快退至 X0 时，继续快进，各步的动作如表 4-1 所示。请使用置位和复位指令法按以上控制要求编写某工件加工路线的梯形图。

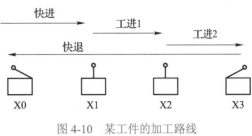

图 4-10　某工件的加工路线

表 4-1　某工件加工路线各步的动作

步	动作	步	动作
快进	Y11、Y12	工进 2	Y11
工进 1	Y10、Y11	快退	Y12、Y13

解：根据控制要求，设计某工件加工路线的顺序功能图，如图 4-11（a）所示。顺序功能图共 5 步，步 M0 为初始步，当转换条件 M8002（或 X0）成立时，步 M0 变为活动步；步 M1、M2、M3、M4 分别为快进、工进 1、工进 2 和快退，它们变为活动步的转换条件分别为 X4、X1、X2、X3。步 M1～M4 的动作根据表 4-1 进行设计。使用置位和复位指令法将顺序功能图转换为梯形图，如图 4-11（b）所示。

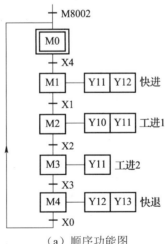

（a）顺序功能图

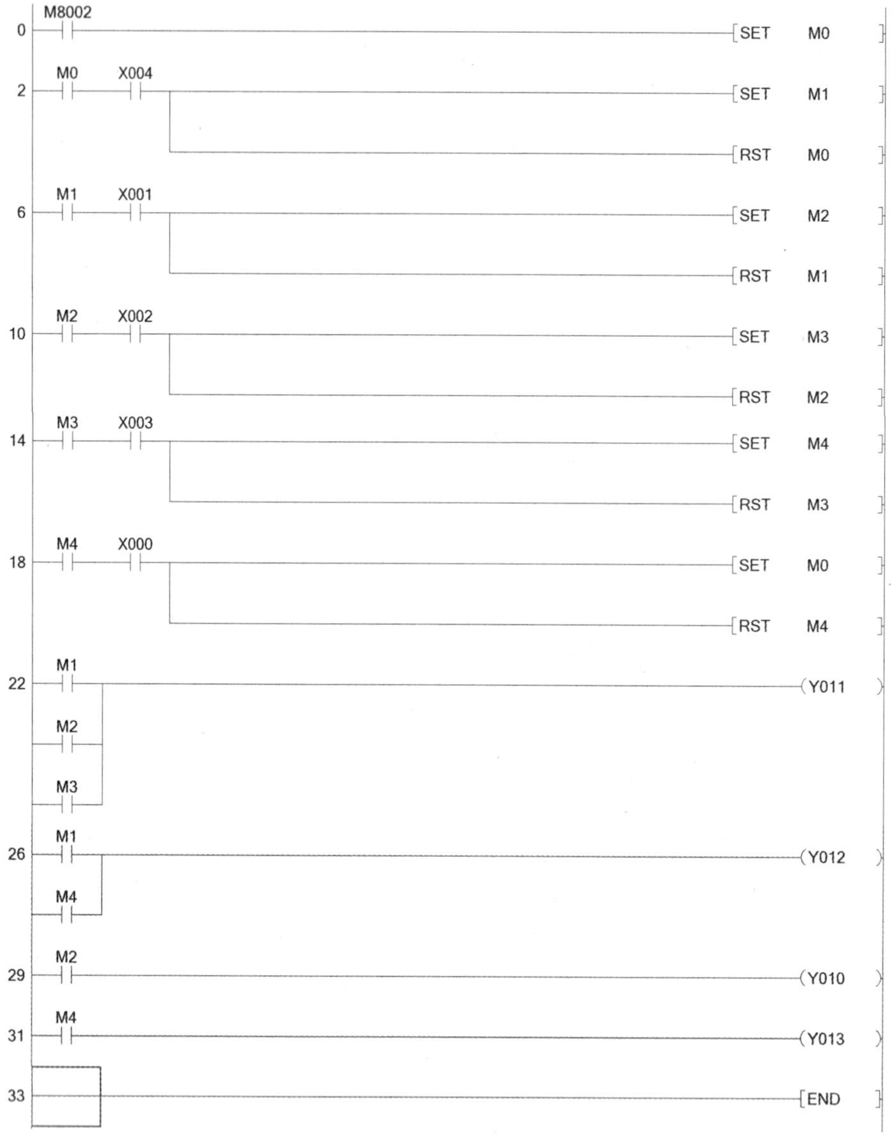

```
 0 ┤M8002├──────────────────────────────────────────[SET    M0 ]
   │
   │ M0   X004
 2 ┤├────┤├─┬────────────────────────────────────────[SET    M1 ]
   │        │
   │        └──────────────────────────────────────[RST    M0 ]
   │
   │ M1   X001
 6 ┤├────┤├─┬────────────────────────────────────────[SET    M2 ]
   │        │
   │        └──────────────────────────────────────[RST    M1 ]
   │
   │ M2   X002
10 ┤├────┤├─┬────────────────────────────────────────[SET    M3 ]
   │        │
   │        └──────────────────────────────────────[RST    M2 ]
   │
   │ M3   X003
14 ┤├────┤├─┬────────────────────────────────────────[SET    M4 ]
   │        │
   │        └──────────────────────────────────────[RST    M3 ]
   │
   │ M4   X000
18 ┤├────┤├─┬────────────────────────────────────────[SET    M0 ]
   │        │
   │        └──────────────────────────────────────[RST    M4 ]
   │
   │ M1
22 ┤├─┬──────────────────────────────────────────────( Y011 )
   │  │
   │ M2
   ┤├─┤
   │  │
   │ M3
   ┤├─┘
   │
   │ M1
26 ┤├─┬──────────────────────────────────────────────( Y012 )
   │  │
   │ M4
   ┤├─┘
   │
   │ M2
29 ┤├────────────────────────────────────────────────( Y010 )
   │
   │ M4
31 ┤├────────────────────────────────────────────────( Y013 )
   │
33 ┤                                                  [END ]
```

（b）梯形图

图 4-11　某工件加工路线的顺序功能图和梯形图

对于选择序列和并行序列顺序功能图，使用置位和复位指令法将其转换为梯形图时，应着重注意分支节点和合并节点的处理，只需要将节点转换处后续步的相应继电器置位，前级步的相应继电器复位即可。如图 4-12（a）所示的顺序功能图中，既有选择序列又有并行序列，转换后的梯形图如图 4-12（b）所示。

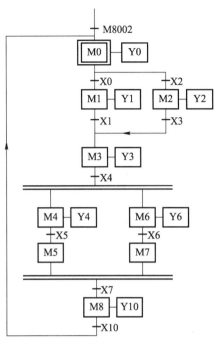

（a）既有选择序列又有并行序列的顺序功能图

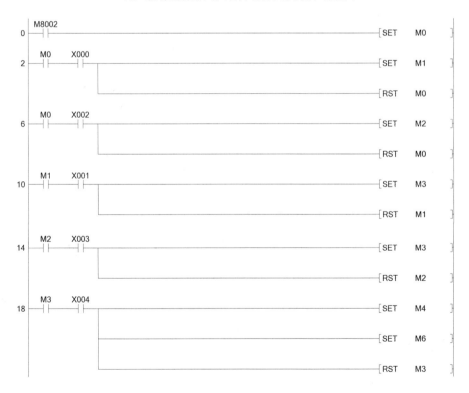

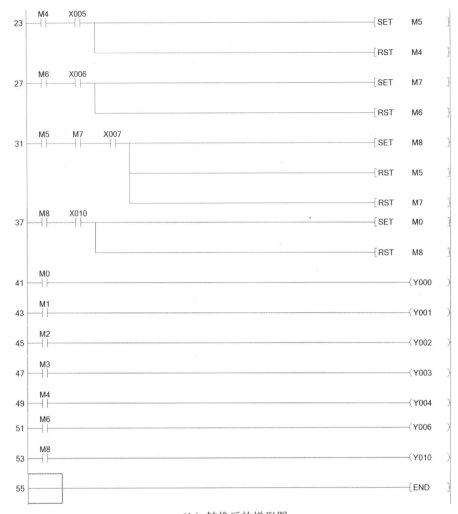

（b）转换后的梯形图

图 4-12   将选择序列和并行序列顺序功能图转换为梯形图（置位和复位指令法）

图中，转换 X0 和 X2 为选择序列的分支节点。在转换 X0 处，需要将 M1 置位，M0 复位，并将常开触点 M0 和 X000 串联，作为置位和复位指令的执行条件。选择序列合并节点的转换方法与分支节点相同。

转换 X4 为并行序列的分支节点，将其转换为梯形图时，需要将 M4 和 M6 置位，将 M3 复位，并将常开触点 M3 和 X004 串联，作为置位和复位指令的执行条件。转换 X7 为并行序列的合并节点，将其转换为梯形图时，需要将 M8 置位，将 M5 和 M7 复位，并将常开触点 M5、M7 和 X007 串联，作为置位和复位指令的执行条件。

⚙ 任务分析

在掌握了 PLC 程序的顺序控制设计法、顺序功能图、将顺序功能图转换为梯形图的方法等知识后，开始进行两种液体混合控制程序设计。

根据控制要求，两种液体混合控制的工作过程如下。

（1）按下启动按钮 SB1，Y3 打开，30 s 后，Y3 关闭，Y1 打开；当液面到达 S2 处时，S2 和 S3 接通，Y1 关闭，Y2 打开；当液面到达 S1 处时，Y2 关闭，M 运转，30 s 后 M 停止运转，Y3 打开；当液面下降到 S3 处时，S3 由接通变为断开，再过 10 s，Y3 关闭，开始下一周期。

（2）按下停止按钮 SB2，在完成当前周期的控制后，两种液体混合控制停止。

完成该任务的主要步骤如下。

（1）根据两种液体混合控制的工作过程，进行程序编写。

（2）对编写好的程序进行仿真调试。

（3）将程序下载到 PLC 中，按照 I/O 接线图进行接线，改变 SB1、SB2、S1、S2 和 S3 的状态，观察 Y1、Y2、Y3 和 M 的工作状态。

⚙ 任务实施——两种液体混合控制程序设计

1. 程序编写

分析完任务后，首先使用梯形图进行程序编写。

（1）按照两种液体混合控制的工作过程分配 I/O 端子，如表 4-2 所示。

表 4-2　两种液体混合控制的 I/O 端子分配表

输入			输出		
元件代号	作用	输入端子	元件代号	作用	输出端子
SB1	启动两种液体混合控制	X0	KM	控制搅匀电动机	Y0
S1～S3	检测液面位置	X1～X3	Y1～Y3	表示阀门	Y1～Y3
SB2	使两种液体混合控制停止	X4			

（2）按照表 4-2 绘制两种液体混合控制的 I/O 接线图，如图 4-13 所示。

（3）根据控制要求，设计两种液体混合控制的顺序功能图，如图 4-14 所示。

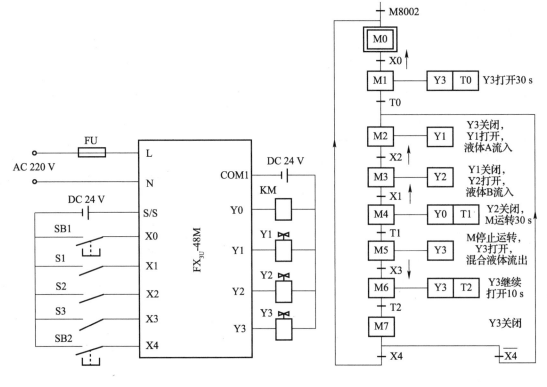

图 4-13 　两种液体混合控制的 I/O 接线图　　　　图 4-14 　两种液体混合控制的顺序功能图

（4）根据两种液体混合控制的顺序功能图，在编程软件中设计其梯形图，如图 4-15所示。

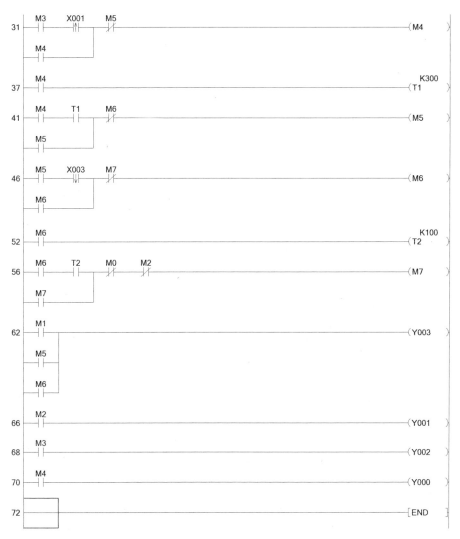

图 4-15　两种液体混合控制的梯形图

2．程序仿真调试

编写好程序后，需要对其进行仿真调试。

（1）将程序从编程软件下载到仿真软件中。

（2）先后改变上升沿 X000、X002、X001，下降沿 X003，以及常开触点 X004 的状态，观察各线圈是得电和失电，判断程序是否符合控制要求。

（3）若程序符合控制要求，则表明程序正确，保存程序即可；若程序不符合控制要求，则应仔细分析，找出原因，重新修改程序，直到程序符合控制要求。

两种液体混合控制的程序仿真结果（未改变常开触点 X004 的状态）应如图 4-16 所示。当改变常开触点 X004 的状态时，在 T2 计时 10 s 后，除线圈 M0 外，所有线圈都失电。

（a）改变上升沿 X000 的状态

（b）T0 计时 30 s 后的状态

（c）改变上升沿 X002 的状态

（d）改变上升沿 X001 的状态

（e）T1 计时 30 s 后的状态

（f）改变下降沿 X003 的状态

（g）T2 计时 10 s 后的状态

图 4-16　两种液体混合控制的程序仿真结果（未改变常开触点 X004 的状态）

3．程序运行

调试好程序后，将其下载到 PLC 上，运行程序并实现两种液体混合控制。

（1）根据图 4-13 进行 I/O 接线（见图 4-17），并检查有无短路及断路现象。

（2）将运行模式选择开关置于 RUN 位置，使 PLC 进入运行模式。

两种液体混合控制
程序运行

（3）改变 SB1、S1、S2、S3 和 SB2 的状态，观察 Y1、Y2、Y3 和 M 是否正常打开和关闭。结果显示该程序能进行两种液体混合控制。

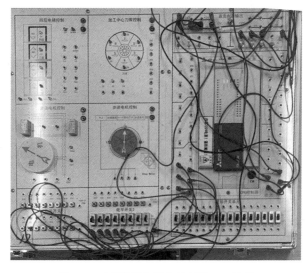

图 4-17　两种液体混合控制的 I/O 接线

拓展进阶

在一些应用场合，需要进行 3 种液体混合控制，如图 4-18 所示。与两种液体混合控制相比，3 种液体混合控制多了一个阀门和一个液位传感器，其控制要求与两种液体混合控制类似，只是在 3 种液体都注入容器后，再打开搅匀电动机 M。

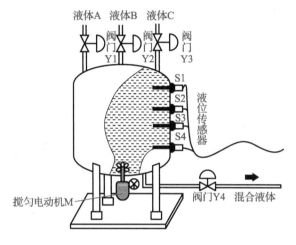

图 4-18　3 种液体混合控制

（1）拓展任务分析。3 种液体混合控制的工作过程如下。

① 按下 SB1，Y4 打开，30 s 后，Y4 关闭，Y1 打开；当液面到达 S3 处时，S3 和 S4 接通，Y1 关闭，Y2 打开；当液面到达 S2 处时，Y2 关闭，Y3 打开；当液面到达 S1 处时，Y3 关闭，M 运转，30 s 后 M 停止运转，Y4 打开；当液面下降到 S4 处时，S4 由接通变为断开，再过 10 s，Y4 关闭，开始下一周期。

② 按下 SB2，在完成当前周期的控制后，3 种液体混合控制停止。

（2）按照 3 种液体混合控制的工作过程分配 I/O 端子，如表 4-3 所示。

表 4-3　3 种液体混合控制的 I/O 端子分配表

输入			输出		
元件代号	作用	输入端子	元件代号	作用	输出端子
SB1	启动 3 种液体混合控制	X0	KM	控制搅匀电动机	Y0
S1~S4	检测液面位置	X1~X4	Y1~Y4	表示阀门	Y1~Y4
SB2	使 3 种液体混合控制停止	X5			

（3）根据表 4-3 绘制 3 种液体混合控制的 I/O 接线图，如图 4-19 所示。

（4）根据控制要求，设计 3 种液体混合控制的顺序功能图，如图 4-20 所示。

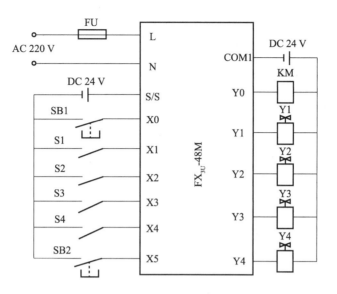

图 4-19　3 种液体混合控制的 I/O 接线图

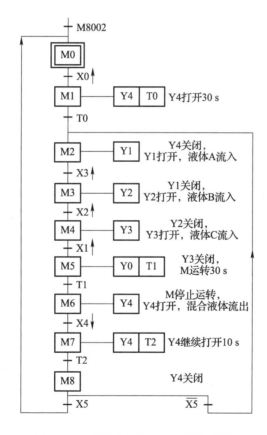

图 4-20　3 种液体混合控制的顺序功能图

（5）根据 3 种液体混合控制的顺序功能图，在编程软件中设计其梯形图，如图 4-21 所示。

```
  0  ┤├ M8002 ────────────────────────────────[ SET  M0 ]
  
  2  ┤├ M0  ┤├ X000 ──────────────────────────[ SET  M1 ]
                │
                └──────────────────────────────[ RST  M0 ]
  
  7  ┤├ M1  ┤├ T0 ───────────────────────────[ SET  M2 ]
                │
                └──────────────────────────────[ RST  M1 ]
  
 11  ┤├ M2  ┤↑├ X003 ─────────────────────────[ SET  M3 ]
                │
                └──────────────────────────────[ RST  M2 ]
  
 16  ┤├ M3  ┤↑├ X002 ─────────────────────────[ SET  M4 ]
                │
                └──────────────────────────────[ RST  M3 ]
  
 21  ┤├ M4  ┤↑├ X001 ─────────────────────────[ SET  M5 ]
                │
                └──────────────────────────────[ RST  M4 ]
  
 26  ┤├ M5  ┤├ T1 ───────────────────────────[ SET  M6 ]
                │
                └──────────────────────────────[ RST  M5 ]
  
 30  ┤├ M6  ┤↓├ X004 ─────────────────────────[ SET  M7 ]
                │
                └──────────────────────────────[ RST  M6 ]
  
 35  ┤├ M7  ┤├ T2 ───────────────────────────[ SET  M8 ]
                │
                └──────────────────────────────[ RST  M7 ]
  
 39  ┤├ M8  ┤├ X005 ──────────────────────────[ SET  M0 ]
                │
                └──────────────────────────────[ RST  M8 ]
  
 43  ┤├ M8  ┤/├ X005 ─────────────────────────[ SET  M2 ]
                │
                └──────────────────────────────[ RST  M8 ]
  
 47  ┤├ M1 ──┬─────────────────────────────────( Y004 )
       ┤├ M6 ─┤
       ┤├ M7 ─┘
```

图 4-21　3 种液体混合控制的梯形图

任务二　运料车自动往返控制

任务引入

运料车自动往返控制是一个比较典型的单序列顺序控制，如图 4-22 所示。运料车自动往返的控制要求：运料车在 A 点装满货物后，向前方行驶，依次在 B 点、C 点、D 点卸货；装满货物耗时 60 s，在每个卸货点卸货耗时 10 s；在 D 点卸货完毕后，运料车沿着原路线返回，到 A 点继续装货，如此循环。

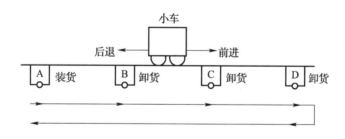

图 4-22　运料车自动往返控制

本任务将先介绍步进指令、使用步进指令将顺序功能图转换为梯形图的方法等知识，再进行运料车自动往返控制程序设计。

任务工单

请扫描下方的二维码，获取任务工单。根据任务工单，学生可以课前预习相关知识，课后按步骤进行任务实施，提高操作技能。

扫一扫

一、步进指令

步进指令又称步进梯形指令，包括步进开始指令（STL）和步进结束指令（RET）。编程时，在多个 STL 后必须加上 RET。步进指令的功能、目标元件和梯形图如表 4-4 所示。

表4-4 步进指令

名称、助记符	功能	目标元件	梯形图
步进开始指令 STL	与左母线相连，表示顺序控制开始	S	0 ├────────[STL S0]┤
步进结束指令 RET	复位 STL，结束顺序控制	无	0 ├──────────[RET]┤

经验传承

使用步进指令时需要注意以下几点。

（1）STL 只有与 S 配合使用时，才具有步进功能。每个 S 具有驱动相关负载、指定转移条件、指定转移目标 3 项功能。对于同一编号的 S，其输出线圈不能重复使用。

（2）STL 的触点只有常开触点，没有常闭触点。触点接通时，该状态下的程序执行；触点断开时，一个扫描周期后该状态下的程序不再执行，直接跳转到下一个状态。

（3）在使用 CALL 和 FOR 的程序中，不能使用 STL。

二、使用步进指令将顺序功能图转换为梯形图的方法

使用步进指令将顺序功能图转换为梯形图时，首先，使用 SET 将 S 置位；其次，使用 STL 进行顺序控制；再次，写出该步的动作，相应线圈直接与左母线相连；最后，在使用多个 STL 后，使用 RET 来结束顺序控制。此外，由于步进指令只能与 S 一起使用，

因此在编写顺序功能图时，步的编号应使用 S，其中 S0～S9 用于初始步，S10～S19 用于自动返回原点。

【应用举例】使用步进指令，将 3 台电动机顺序启动的顺序功能图转换为梯形图，注意将顺序功能图中的 M 应改为 S。

解：将 3 台电动机顺序启动的顺序功能图中的 M 改为 S，初始步的编号为 S0，其余步的编号从 S20 开始，如图 4-23 所示。使用步进指令编写 3 台电动机顺序启动的梯形图，如图 4-24 所示。

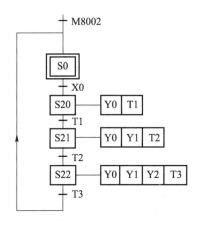

图 4-23　3 台电动机顺序启动的顺序功能图

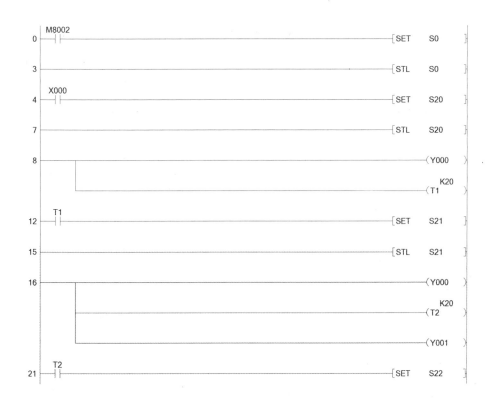

图 4-24　3 台电动机顺序启动的梯形图（使用步进指令）

笔记

任务分析

在掌握了步进指令、使用步进指令将顺序功能图转换为梯形图的方法等知识后，开始进行运料车自动往返控制程序设计。

A、B、C、D 点各用一个限位开关定位，它们分别为 SQ1、SQ2、SQ3、SQ4。运料车往返通过电动机正反转实现，需要两个接触器 KM1 和 KM2 来控制，同时需要配备启动按钮 SB1，使运料车启动。

运料车自动往返控制的工作过程：按下 SB1，运料车在 A 点装货，60 s 后运料车前进；运料车到 B 点，SQ2 闭合，运料车卸货，10 s 后运料车继续前进；运料车到 C 点，SQ3 闭合，运料车卸货，10 s 后运料车继续前进；运料车到 D 点，SQ4 闭合，运料车卸货，10 s 后运料车返回；运料车返回到 A 点时，SQ1 闭合，运料车重新装货，进入下一周期。

完成该任务的主要步骤如下。

（1）根据运料车自动往返控制的工作过程，进行程序编写。

（2）对编写好的程序进行仿真调试。

（3）将程序下载到 PLC 中，按照 I/O 接线图进行接线，改变 SB1 的状态，观察运料车的工作状态。

 任务实施——运料车自动往返控制程序设计

1．程序编写

分析完任务后，首先使用梯形图进行程序编写。

（1）按照运料车自动往返控制的工作过程分配 I/O 端子，如表 4-5 所示。

表 4-5 运料车自动往返控制的 I/O 端子分配表

输入			输出		
元件代号	作用	输入端子	元件代号	作用	输出端子
SB1	启动运料车	X0	KM1	控制运料车前进	Y0
SQ1～SQ4	检测运料车的位置	X1～X4	KM2	控制运料车后退	Y1

（2）按照表 4-5 绘制运料车自动往返控制的 I/O 接线图，如图 4-25 所示。

（3）根据工作过程，设计运料车自动往返控制的顺序功能图，如图 4-26 所示。

（4）根据运料车自动往返控制的顺序功能图，在编程软件中设计其梯形图，如图 4-27 所示。

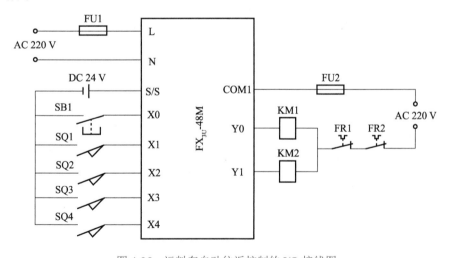

图 4-25 运料车自动往返控制的 I/O 接线图

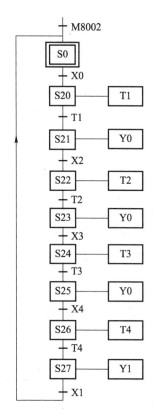

图 4-26 运料车自动往返控制的顺序功能图

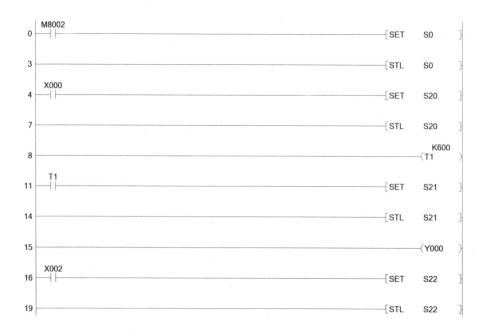

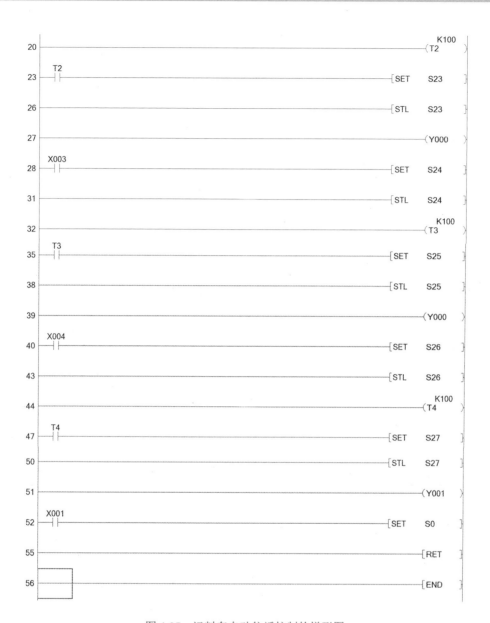

图 4-27 运料车自动往返控制的梯形图

2．程序仿真调试

编写好程序后，需要对其进行仿真调试。

（1）将程序从编程软件下载到仿真软件中。

（2）改变常开触点 X000～X004 的状态，观察各线圈是否得电和失电，判断程序是否符合控制要求。

（3）若程序符合控制要求，则表明程序正确，保存程序即可；若程序不符合控制要求，则应仔细分析，找出原因，重新修改程序，直到程序符合控制要求。

运料车自动往返控制的程序仿真结果应如图 4-28 所示。改变常开触点 X001 的状态与改变常开触点 X000 的状态一致，改变常开触点 X003 和 X004 的状态与改变常开触点 X002 的状态一致，在此不再赘述。

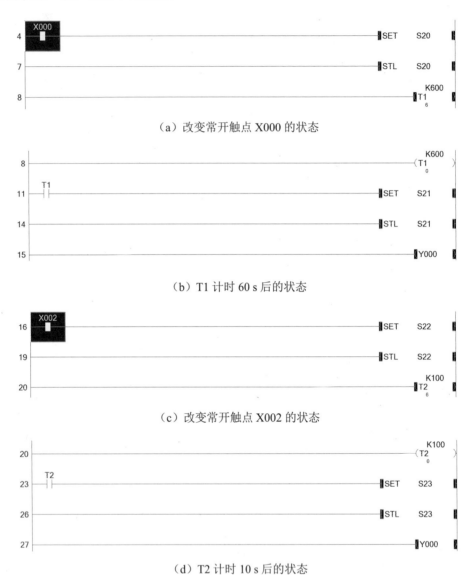

（a）改变常开触点 X000 的状态

（b）T1 计时 60 s 后的状态

（c）改变常开触点 X002 的状态

（d）T2 计时 10 s 后的状态

图 4-28　运料车自动往返控制的程序仿真结果

3．程序运行

调试好程序后，将其下载到 PLC 上，运行程序并实现运料车自动往返控制。

（1）根据图 4-25 进行 I/O 接线（见图 4-29），并检查有无短路及断路现象。

运料车自动往返控制程序运行

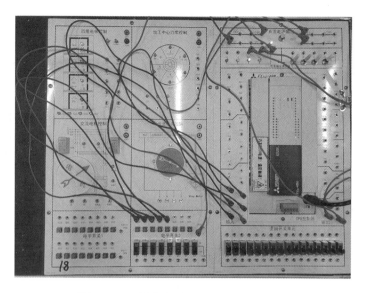

图 4-29　运料车自动往返控制的 I/O 接线

（2）将运行模式选择开关置于 RUN 位置，使 PLC 进入运行模式。

（3）改变 SB1 和 SQ1～SQ4 的状态，观察运料车是否按要求运行。结果显示该程序能进行运料车自动往返控制。

📋 笔 记

⚙ 拓展进阶

一套由 4 台电动机拖动的物料输送带，有手动和自动两种模式。物料输送带的控制要求：在手动模式下，每按下启动按钮一次，使 4 台电动机中的一台启动（按顺序），全部启动后，每按下停止按钮一次，使 4 台电动机中的一台停止运转（按倒序）；在自动模式下，电动机按顺序每隔 2 s 自动启动和停止运转；此外，在任何时候按下紧急停止按钮，全部电动机将停止运转。

（1）拓展任务分析。物料输送带配备启动按钮 SB1、停止按钮 SB2、紧急停止按钮 SB3、模式选择开关 SA，4 台电动机 M1～M4，其工作过程如下。

① 闭合 SA，物料输送带处于手动模式。第一次按下 SB1，M1 启动；第二次按下 SB1，M2 启动；第三次按下 SB1，M3 启动；第四次按下 SB1，M4 启动；第一次按下 SB2，M4 停止运转；第二次按下 SB2，M3 停止运转；第三次按下 SB2，M2 停止运转；第四次按下 SB2，M1 停止运转。

② 断开 SA，物料输送带处于自动模式。按下 SB1，M1～M4 按顺序每隔 2 s 启动，全部启动后，按下 SB2，M1～M4 按倒序每隔 2 s 停止运转。

③ 按下 SB3，M1～M4 全部停止运转。

（2）按照物料输送带的工作过程分配 I/O 端子，如表 4-6 所示。

表 4-6　物料输送带控制的 I/O 端子分配表

输入			输出		
元件代号	作用	输入端子	元件代号	作用	输出端子
SB1	启动物料输送带	X0	KM1	控制 M1 启动	Y0
SB2	使物料输送带停止运转	X1	KM2	控制 M2 启动	Y1
SB3	使物料输送带紧急停止运转	X2	KM3	控制 M3 启动	Y2
SA	切换物料输送带的模式	X3	KM4	控制 M4 启动	Y3

（3）根据表 4-6 绘制物料输送带控制的 I/O 接线图，如图 4-30 所示。

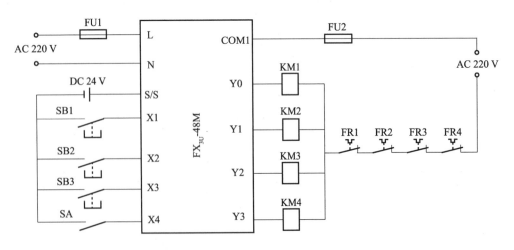

图 4-30　物料输送带控制的 I/O 接线图

（4）根据控制要求，设计物料输送带控制的顺序功能图，如图4-31所示。

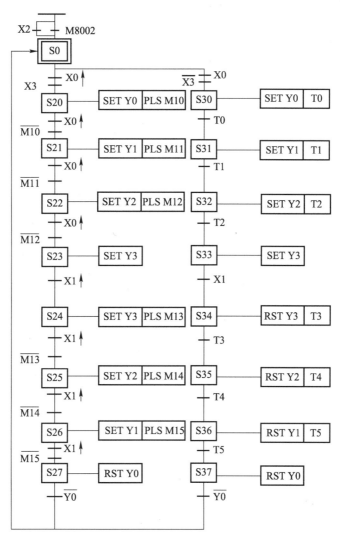

图4-31　物料输送带控制的顺序功能图

（5）根据物料输送带控制的顺序功能图，在编程软件中设计其梯形图，如图4-32所示。

```
  M8002
0 ├─┤ ├─┬──────────────────────────────────────────[SET    S0  ]
   X002  │
  ├─┤ ├──┘

4 ├──────────────────────────────────────────────────[STL    S0  ]

   X003  X000
5 ├─┤ ├──┤↑├───────────────────────────────────────[SET    S20 ]

   X000  X003
10├─┤ ├──┤/├───────────────────────────────────────[SET    S30 ]

14├──────────────────────────────────────────────────[STL    S20 ]

15├──────────┬───────────────────────────────────────[SET    Y000]
             │
             └───────────────────────────────────────[PLS    M10 ]

   X000  M10
18├─┤↑├──┤/├───────────────────────────────────────[SET    S21 ]

23├──────────────────────────────────────────────────[STL    S30 ]

24├──────────┬───────────────────────────────────────[SET    Y000]
             │                                          K20
             └──────────────────────────────────────(  T0    )

   T0
28├─┤ ├───────────────────────────────────────────────[SET    S31 ]

31├──────────────────────────────────────────────────[STL    S21 ]

32├──────────┬───────────────────────────────────────[SET    Y001]
             │
             └───────────────────────────────────────[PLS    M11 ]

   X000  M11
35├─┤↑├──┤/├───────────────────────────────────────[SET    S22 ]

40├──────────────────────────────────────────────────[STL    S31 ]

41├──────────┬───────────────────────────────────────[SET    Y001]
             │                                          K20
             └──────────────────────────────────────(  T1    )

   T1
45├─┤ ├───────────────────────────────────────────────[SET    S32 ]

48├──────────────────────────────────────────────────[STL    S22 ]

49├──────────┬───────────────────────────────────────[SET    Y002]
             │
             └───────────────────────────────────────[PLS    M12 ]

   M12   X000
52├─┤/├──┤↑├───────────────────────────────────────[SET    S23 ]

57├──────────────────────────────────────────────────[STL    S32 ]
```

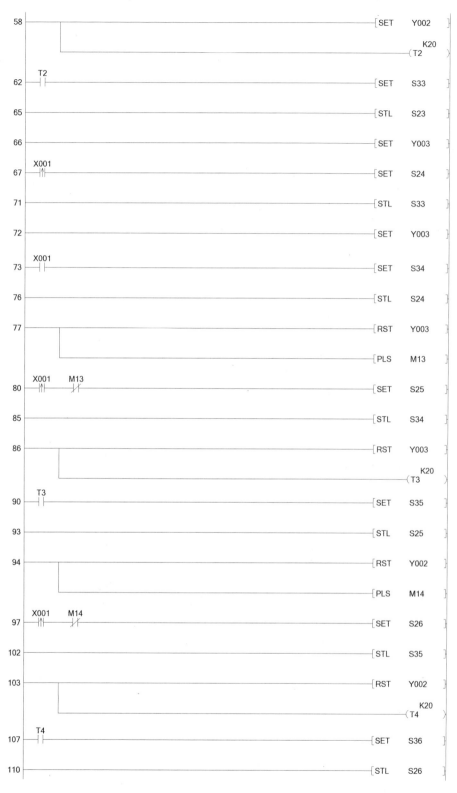

58 ———————————————————————————————————[SET   Y002]
                                                    K20
   ——(T2)

62 ─┤T2├──[SET   S33]

65 ———[STL   S23]

66 ———[SET   Y003]

   X001
67 ─┤↑├───[SET   S24]

71 ———[STL   S33]

72 ———[SET   Y003]

   X001
73 ─┤├──[SET   S34]

76 ———[STL   S24]

77 ———[RST   Y003]

   ——[PLS   M13]

   X001 M13
80 ─┤↑├──┤/├──────────────────────────────────────[SET   S25]

85 ———[STL   S34]

86 ———[RST   Y003]
                                                    K20
   ——(T3)

   T3
90 ─┤├──[SET   S35]

93 ———[STL   S25]

94 ———[RST   Y002]

   ——[PLS   M14]

   X001 M14
97 ─┤↑├──┤/├──────────────────────────────────────[SET   S26]

102 ——[STL   S35]

103 ——[RST   Y002]
                                                    K20
   ——(T4)

   T4
107 ─┤├───────————————————————————————————————————[SET   S36]

110 ——[STL   S26]

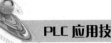

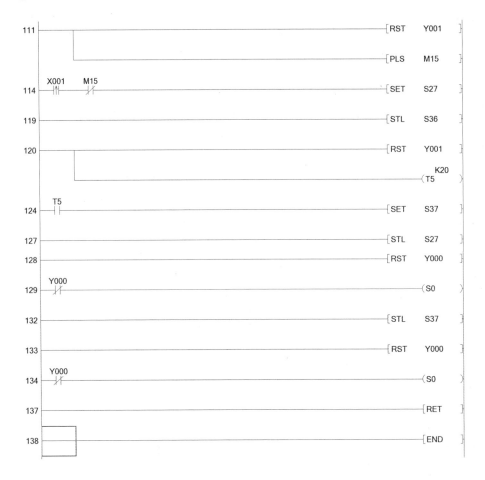

图 4-32　物料输送带控制的梯形图

十字路口交通信号灯
控制程序设计

十字路口交通信号灯
控制程序运行

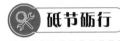

陈志财："不服气"让他成为电气车间中的"抱薪者"

从最开始什么都不懂的小小水电工，到如今能为公司自主编写综合自动化系统，对于从事电气控制及自动化的陈志财来说，技术的突破永远需要对工作的激情和刻苦钻研的韧劲儿。

2011年，陈志财来到青海物产工业投资有限公司。彼时，公司的电解铝项目正在起步阶段，而电气运行车间无疑是电解铝产业的动力"心脏"。

但在相关机器的调试安装阶段，陈志财发现，对于电气自动化技术，自己和车间各岗位的职工完全是一头雾水。陈志财前后两次主动申请去深圳培训。为节省房租，他在深圳只租了一间阁楼，里面只有简单的桌椅和一张床。而在上课初期，陈志财就深深感到了自己与其他人的差距。

为了努力追上课堂进度，不服输的陈志财一心泡在课堂与书海中，每天除了上固定10小时的课程，他还利用晚上时间自学，常常学到凌晨。他记了整整5本笔记，还录了很多录音和视频，涵盖了自动化PLC与工业机器人通信控制、触摸屏和上位机的编程等知识。在学习中，陈志财不仅频频向老师请教，还虚心向有经验的同学学习。

刻苦学习让陈志财在技术方面获得了极大的提升，也让他成为公司技术方面的"领头羊"。他不仅可以熟练检修设备，还能够自主编写程序，让机器更"通情达理"。

在陈志财的办公桌上，常年放着他学习时记录下来的笔记。这些笔记的翻阅者，主要是车间的年轻职工。陈志财深知，技术只有通过分享，才能实现传承与创新。他坚持"传帮带"，时常对年轻职工进行技术培训，并在现场手把手指导。仅在动力车间，陈志财培训过的职工就有30多人。"这样才能帮助他们快速成长，成为在关键时刻能站出来的技术型人才。"他说，"企业要有新鲜血液。"

"作为新时代的产业工人，我们要继承和发扬前辈的优良传统，对自己的工作专注、精益求精，不断拥抱新技术，学习新知识，攻克每一个技术难关，这就是我理解的'工匠精神'。"陈志财如是说。

（资料来源：左雨晴，《陈志财："不服气"让他成为电气车间中的"抱薪者"》，

中新网，2023年8月29日）

项目考核

1. 填空题

（1）＿＿＿＿＿＿＿是指根据生产工艺所规定的程序，各执行机构在输入信号的控制下，按照时间顺序或其他逻辑顺序，自动而有序地执行规定的动作。

（2）顺序控制设计法的设计步骤是首先根据控制要求，画出＿＿＿＿＿＿＿＿＿，然后根据顺序功能图编写梯形图。

（3）按照步与步之间连接结构的不同，顺序功能图可分为＿＿＿＿＿、＿＿＿＿＿和＿＿＿＿＿3种。

（4）使用启保停电路法将顺序功能图转换为梯形图的原则：＿＿＿＿＿＿＿＿＿

_____作为启动信号（启），本步相应继电器的常开触点作为保持信号（保），后续步相应继电器的常闭触点作为停止信号（停）。

（5）步进指令又称步进梯形指令，包括_____和_____。

2．选择题

（1）在顺序功能图中，如果某一转换所有的前级步都是（　　），并且满足相应的转换条件，则可转换至下一步。

    A．初始步　　　　　B．活动步　　　　　C．最终步　　　　　D．非活动步

（2）在控制系统的一个工作周期内，划分的若干按顺序相连的阶段称为（　　）。

    A．步　　　　　　　B．转换　　　　　　C．转换条件　　　　D．动作

（3）（　　）顺序功能图由一系列相继激活的步组成，图中无分支。

    A．单序列　　　　　B．双序列　　　　　C．选择序列　　　　D．并行序列

（4）STL 只有与（　　）配合使用时，才具有步进功能。

    A．辅助继电器　　　B．输入继电器　　　C．输出继电器　　　D．状态继电器

（5）在多个 STL 后必须加上（　　）。

    A．SET　　　　　　B．RST　　　　　　C．RET　　　　　　D．MCR

3．设计分析题

（1）在某地下停车场的出入口，只允许一辆车进出，在进出通道的两端配有红绿灯，光电开关 X0 和 X1 分别用于检测入口和出口是否有车经过，如图 4-33 所示。该地下停车场出入口的控制要求：当 X0 检测到有车进入时，绿灯熄灭，红灯点亮；当 X1 检测到有车出去，且待车完全驶出停车场时，红灯熄灭，绿灯点亮。请按以上控制要求编写顺序功能图和梯形图。

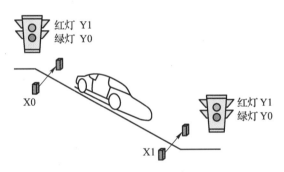

图 4-33　某地下停车场的出入口

（2）洗车有手动和自动两种模式，其控制要求如下。

① 当 SB0 闭合时，洗车处于手动模式。当按下 SB1 时，进行泡沫清洗（用 MC1 驱动）；当按下 SB2 时，进行清水冲洗（用 MC2 驱动）；当按下 SB3 时，进行风干（用 MC3 驱动）；当按下 SB4 时，结束洗车。

② 当 SB0 断开时，洗车处于自动模式。当按下 SB1 时，进行泡沫清洗（10 s）、清水冲洗（20 s）、风干（5 s），然后结束洗车。

请按以上控制要求编写顺序功能图和梯形图。

项目评价

指导教师根据学生的实际学习成果进行评价，学生配合指导教师共同完成学习成果评价表，如表 4-7 所示。

表 4-7　学习成果评价表

班级		组号		日期	
姓名		学号		指导教师	
评价项目	评价内容			满分/分	评分/分
知识 （40%）	PLC 程序的顺序控制设计法			10	
	将顺序功能图转换为梯形图的方法			10	
	步进指令			10	
	使用步进指令将顺序功能图转换为梯形图的方法			10	
技能 （40%）	能够完成两种液体混合控制程序设计			10	
	能够完成 3 种液体混合控制程序设计			10	
	能够完成运料车自动往返控制程序设计			10	
	能够完成物料输送带控制程序设计			10	
素质 （20%）	积极参加教学活动，主动学习、思考、讨论			5	
	认真负责，按时完成学习、训练任务			5	
	团结协作，与组员之间密切配合			5	
	服从指挥，遵守课堂纪律			5	
合计				100	
自我评价					
指导教师 评价					

项目五

PLC 控制系统设计及网络通信

项目导读

通过对前面知识的学习，同学们已经掌握了 PLC 的编程指令和编程方法。那么，当遇到一个 PLC 控制系统时，该如何使用编程指令和编程方法对其进行设计呢？PLC 控制系统设计需要遵循一定的步骤。当 PLC 控制系统由多个 PLC 组成时，需要进行联网控制程序设计，使各 PLC 能互相通信，进而实现 PLC 控制系统设计。

本项目在介绍 PLC 控制系统设计的一般步骤和网络通信相关知识的基础上，实现 YL-335B 型自动生产线的控制要求分析和联网控制程序设计。

知识目标

◆ 掌握 PLC 控制系统的控制要求分析、硬件设计、软件设计和调试方法。
◆ 了解三菱 FX 系列 PLC 的通信类型。
◆ 掌握 N∶N 网络通信的结构、N∶N 网络参数设置和连接方法。

技能目标

◆ 能够完成 YL-335B 型自动生产线的控制要求分析。
◆ 能够完成 YL-335B 型自动生产线联网控制程序设计。

素质目标

◆ 深谙事必有法、然后可成的道理。
◆ 培养敬业、精益、专注、创新的工匠精神。

任务一 YL-335B 型自动生产线控制

任务引入

YL-335B 型自动生产线（见图 5-1）由安装在铝合金导轨上的供料单元、加工单元、装配单元、分拣单元和输送单元 5 个单元组成，每个单元都可自成一个独立的控制系统。

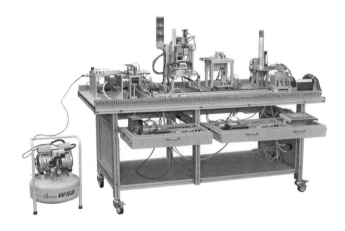

图 5-1 YL-335B 型自动生产线

（1）供料单元是起始单元，用来向加工单元提供工件（原料）。供料单元按照需要将放置在料仓中的工件（原料）自动推到工件台上，以便输送单元的抓取机械手装置将其抓取，并送到加工单元。

（2）加工单元用来加工工件。它将工件台上的工件（由输送单元的抓取机械手装置送来）送到加工冲压机构下方，完成一次冲压动作，然后送回工件台，待输送单元的抓取机械手装置取出。

（3）装配单元用来将料仓内的小工件嵌入工件中。

（4）分拣单元用来将装配单元送来的工件进行分拣，使不同颜色的工件进入不同的料槽。

（5）输送单元通过直线运动传动机构，驱动抓取机械手装置到指定单元的工件台上抓取工件，并将其输送到指定地点放下，进而实现工件的输送。

本任务先介绍 PLC 控制系统的控制要求分析、硬件设计、软件设计、调试等，再进行 YL-335B 型自动生产线的控制要求分析。

任务工单

请扫描下方的二维码，获取任务工单。根据任务工单，学生可以课前预习相关知识，课后按步骤进行任务实施，提高操作技能。

PLC 控制系统设计的一般步骤包括控制要求分析、硬件设计、软件设计、调试等。

一、PLC 控制系统的控制要求分析

当进行 PLC 控制系统设计时，应先分析 PLC 控制系统的控制要求，以明确控制任务。控制要求是开发 PLC 控制系统的主要依据，必须详细分析、认真研究。

分析控制要求包括分析程序控制的动作内容（如动作时间、动作条件、相关保护和联锁等）和操作方式（如手动、自动等）；分析控制对象的工作过程与控制系统之间的关系，如各种机械、液压、气动、仪表之间的关系；分析 PLC 与控制系统中其他智能装置（如人机界面等，如图 5-2 所示）之间的关系，网络通信方式，报警的种类与范围，以及停电和紧急处理方式等。对于特别复杂的 PLC 控制系统，还应拟定其设计的技术条件。

图 5-2　人机界面

二、PLC 控制系统的硬件设计

近年来，随着 PLC 的推广和普及，其种类和数量越来越多。不同品牌 PLC 的结构形式、指令系统、容量、性能、编程方法和价格等各不相同，使用场合也各有侧重。PLC 控制系统的硬件设计对提高 PLC 控制系统的各项性能有着重要作用，包括 PLC 机型的选择、PLC 容量的选择、I/O 模块的选择和保护电路的设计等。

（一）PLC 机型的选择

PLC 机型的选择是一个综合性的过程，需要考虑多个因素，以确保所选机型既能满足需求又具有较高的性价比。

1．控制要求

根据控制要求的不同，可选择合适的 PLC 机型。

（1）对于只需要开关量控制的系统，一般选择具有逻辑运算、定时、计数等功能的小型、整体式 PLC。

（2）对于以数字量控制为主、带少量模拟量控制的系统，如工业生产中常遇到的控制温度、压力、流量等的系统，一般选择运算、数据处理功能较强的小型、整体式 PLC，并配备带 A/D（模拟/数字）转换的输入模块和带 D/A（数字/模拟）转换的输出模块，以连接相应的传感器、变送器和驱动装置。

（3）对于控制要求较复杂（如要求实现 PID 运算、闭环控制、网络通信等功能）的系统，可视控制规模大小及复杂程度，选择中型、大型、模块式 PLC。但是中型、大型 PLC 价格较贵，它们一般用于大规模过程控制和集散控制系统等场合。

采用模拟或数字控制方式对生产过程的某一或某些物理参数进行的自动控制称为**过程控制**。将多台微处理机分散应用于过程控制，通过通信网络、显示器、键盘、打印机等设备，实现高度集中的操作、显示和报警管理的控制系统称为**集散控制系统**。

2．安装方式

安装方式不同，选择的 PLC 机型也不同。PLC 的安装方式包括集中式、远程 I/O 式和多台 PLC 联网分布式。

集中式不需要设置驱动远程 I/O 硬件，控制系统反应快、成本低，选择小型 PLC 即可；远程 I/O 式适用于大型 PLC，其分配范围广，PLC 可以分散安装在现场装置附近，连线短，但需要增加驱动器及远程 I/O 电源；多台 PLC 联网分布式适用于多台设备既要分别独立控制，又要相互联系的场合，可以选择小型 PLC，但是必须附加通信模块，如图 5-3 所示。

3．响应速度

PLC 是为工业自动化设计的通用控制器，现代 PLC 有足够快的速度来处理大量的 I/O 数据和梯形图，因此对于大多数应用场合来说，PLC 的响应速度并不是主要的问题。然而，对于某些个别的场合，则要求考虑 PLC 的响应速度。为了加快 PLC 的响应速度，可以选择扫描速度快的 PLC。

图 5-3　通信模块

4. 网络通信功能

近年来，随着工业自动化的迅速发展，一般的电气控制产品都有了网络通信功能。PLC 作为工业自动化的主要控制器，大多数产品都具有网络通信功能。选择 PLC 机型时，应考虑其是否需要与其他设备进行通信，以及所需的通信协议和接口。

 经验传承

> 在选择 PLC 机型时，应该尽量选择同一种。因为对于同一机型的 PLC，其模块可互为备用，便于采购与管理；其功能及编程方法统一，有利于技术人才的培训、技术水平的提高和功能的开发；其外部设备通用，资源可共享；在使用计算机对 PLC 进行管理和控制时，通信程序的编制比较方便；此外，容易多台 PLC 联成一个多级分布式系统，便于相互通信、集中管理、充分发挥网络通信的优势。

（二）PLC 容量的选择

PLC 容量是指 PLC 的 I/O 点数和用户存储器的存储容量。因此，PLC 容量的选择主要包括 I/O 点数的确定和存储容量的确定。

1. I/O 点数的确定

应该合理地选择 PLC 的 I/O 点数，在满足控制要求的前提下力争使用的 I/O 点数最少，但必须有一定的余量。通常，I/O 点数是根据控制对象 I/O 信号的实际需要，再加上 10%~15%的余量来确定的。

2. 存储容量的确定

用户程序所需要的存储容量不仅与 PLC 控制系统的功能有关，还与功能实现的方法、编程水平有关。一个有经验的程序员和一个初学者，在设计同一复杂的 PLC 控制系统时，二者所确定的存储容量可能相差 25%，所以初学者在确定存储容量时应该留有更多的余量。另外，在确定存储容量时，注意对存储器的类型进行合理选择。

（三）I/O 模块的选择

PLC 的 I/O 模块包括开关量 I/O 模块、模拟量 I/O 模块及特殊功能 I/O 模块等，应对其进行合理选择。

不同开关量 I/O 模块的电压等级不同，包括直流 5 V、12 V、24 V、48 V、60 V，交流 110 V、220 V 等。选择时主要根据现场输入设备与输入模块之间的距离来考虑，距离较近的场合一般选择直流 5 V、12 V、24 V 的开关量 I/O 模块，距离较远的场合一般选择电压等级较高的开关量 I/O 模块。

不同模拟量 I/O 模块的量程不同，可根据实际需要选择，同时还应考虑分辨率和转换精度等因素。一些特殊功能 I/O 模块可用来直接接收低电平信号。I/O 模块不同，其电路和性能也不同，直接影响PLC的价格，应该根据实际情况合理选择。

（四）保护电路的设计

保护电路是指保护负载或控制对象，以及防止操作错误或控制失败而进行联锁控制的电路。在直接控制负载的同时，保护电路还向PLC输入信号，以便于PLC进行保护处理。保护电路的设计包括互锁、极限保护、失压保护与紧急停止、短路保护等。

（1）互锁。除在程序中保证电路的互锁关系，PLC外部线路中还应该采取硬件的互锁措施，以确保控制系统安全可靠地运行。

（2）极限保护。某些设备如果超过限位就有可能产生危险，可设置极限保护按钮，当该按钮闭合时直接切断负载电源，同时将信号输入PLC。

（3）失压保护与紧急停止。PLC外部负载的供电线路应具有失压保护措施，即当临时停电，再恢复供电时，未按下启动按钮，PLC的外部负载就不能自行启动。这种接线方法的另一个作用是，当特殊情况下需要紧急停机时，按下紧急停止按钮就可以切断负载电源，同时将紧急停止信号输入PLC。

（4）短路保护。应该在PLC外部输出回路中装上熔断器（见图5-4），进行短路保护。

图5-4　熔断器

三、PLC控制系统的软件设计

软件设计是指根据PLC控制系统的控制要求和硬件结构，使用相应的编程语言，对用户程序的编写和相应文件的形成过程。软件设计是在硬件设计的基础上，根据PLC控制系统的控制要求，分析各I/O端子与各元件之间的关系，确定检测量和设计方法，并设计出控制系统中各设备的动作内容和动作顺序。对于较复杂的PLC控制系统，可按物理位置或控制功能分区控制。

编程语言通常采用梯形图。根据生产过程控制要求的复杂程度不同，程序可分为基本程序和模块化程序。

（1）**基本程序**既可以作为独立程序控制简单的生产工艺过程，也可以作为组合模块构造中的单元程序。根据计算机程序的设计思想，基本程序的构造可分为顺序构造、条件分支构造和循环构造3种。

（2）**模块化程序**是指把一个总的控制目标程序分成多个具有明确子任务的模块程序，分别进行编写和调试，最后组合成一个的完整程序。当进行PLC编程时，通常采用模块化程序，因为各模块具有相对独立性，相互连接关系简单，程序易于调试和修改，特别适用于复杂的PLC控制系统。

编写程序过程中，要及时对编出的程序进行注释。注释应包括对程序段功能、逻辑关系、设计思想、信号的来源和去向等的说明，以便对程序进行阅读和调试。

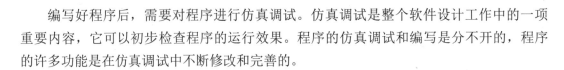

编写好程序后，需要对程序进行仿真调试。仿真调试是整个软件设计工作中的一项重要内容，它可以初步检查程序的运行效果。程序的仿真调试和编写是分不开的，程序的许多功能是在仿真调试中不断修改和完善的。

四、PLC 控制系统的调试

PLC 控制系统的调试是设备正式投入使用之前的必经步骤：首先按控制要求将电源、外部电路与 I/O 端子连接好；其次将 PLC 与现场设备连接；再次将程序下载到 PLC 中；最后在正式调试前全面检查整个 PLC 控制系统，包括电源接线、I/O 接线等，保证整个硬件连接正确无误即可送电。

送电后，把 PLC 控制系统的工作方式设置为 "RUN" 开始运行。在运行时，观察设备是否按控制要求运行，若不是，则反复进行调试，直至设备按控制要求运行。

PLC 控制系统是一种用于工业自动化控制的设备。在 PLC 运行中，许多外部及内部因素产生的干扰，会使程序运行错误，并造成设备的失控和误动作，存在极大的安全隐患。这就需要提高 PLC 控制系统的抗干扰性，一方面要求 PLC 生产厂家提高设备的抗干扰能力，另一方面要求工程设计、安装施工和使用维护中有效地增强 PLC 控制系统的抗干扰性。

提高 PLC 控制系统抗干扰性的措施包括对电源干扰的防护措施、接地设计和 I/O 信号防干扰措施。

1. 对电源干扰的防护措施

在 PLC 控制系统中，电源占有重要的地位。PLC 控制系统的供电电源、变压器供电电源和与 PLC 控制系统有直接电气连接的仪表供电电源等，可使电网干扰信号进入 PLC 控制系统。

对于 PLC 控制系统的供电电源，一般应采用隔离性能较好的供电电源；对于变压器供电电源和与 PLC 控制系统有直接电气连接的仪表供电电源，应选择分布电容小、抑制带大的配电器，以减少对 PLC 控制系统的干扰。

此外，还可以采用硬件滤波措施。例如，在干扰较强或可靠性要求较高的场合，应该使用带屏蔽层的隔离变压器对 PLC 控制系统供电，还可以在隔离变压器的一次侧串接滤波器。

2. 接地设计

完善的接地系统是 PLC 控制系统抗电磁干扰的重要措施之一，接地系统的接地方式一般可包括串联单点接地、并联单点接地、多分支单点接地 3 种。

集中布置的 PLC 控制系统应采用并联单点接地方式，各装置中心的接地点以单独的接地线引向接地极。分散布置的 PLC 控制系统应采用串联单点接地方式，用一根大截面铜母线（或绝缘电缆）连接各装置中心的接地点，然后将接地母线直接引向接地极。小型 PLC 控制系统多采用多分支单点接地，将每个设备的接地端子单独引向接地极，这种接地方式在电气上确保了每个设备都完全独立。

3．I/O 信号防干扰措施

某些干扰信号会引起 I/O 信号工作异常和测量精度大大降低，严重时将引起元器件损伤。对于隔离性能差的控制系统，还将产生 I/O 信号间互相干扰，造成逻辑数据变化、设备误动作或死机。

PLC 控制系统可采取 I/O 信号防干扰措施，来减小 I/O 信号干扰对 PLC 控制系统的影响。首先，应选择带抗干扰功能的 I/O 模块；其次，在安装与布线时注意采用抗干扰方式；最后，PLC 应远离强干扰源，如电焊机、大功率硅整流装置和大型动力设备等。

📋 笔 记

_____

_____

_____

_____

⚙ 任务分析

在掌握了 PLC 控制系统的控制要求分析、硬件设计、软件设计、调试等知识后，开始进行 YL-335B 型自动生产线控制要求分析。

若要完成本任务，则需要先了解 YL-335B 型自动生产线各单元的结构和控制要求，再明确控制任务。其中，YL-335B 型自动生产线包括供料单元、加工单元、装配单元、分拣单元、输送单元。

⚙ 任务实施——YL-335B 型自动生产线控制要求分析

1．供料单元的控制要求分析

1）了解供料单元的结构和控制要求

供料单元主要包括料仓、推料气缸、顶料气缸、磁性传感器、光电传感器、工件台等，如图 5-5 所示。工件垂直叠放在料仓中，推料气缸与最下层工件处于同一水平位置，并且其活塞杆可从料仓底层通过。

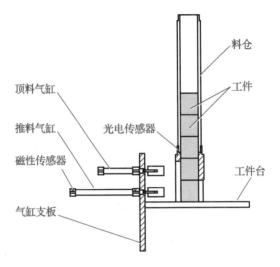

图 5-5　供料单元的结构

供料单元的控制要求如下。

（1）当推料气缸在退回位置时，它与最下层工件处于同一水平位置，而顶料气缸则与次下层工件处于同一水平位置。

（2）当需要将工件推到工件台上时，顶料气缸的活塞杆首先推出，压住次下层工件，推料气缸的活塞杆再推出，把最下层工件推到工件台上。

（3）在把工件推到工件台上后，推料气缸的活塞杆先一步返回并从料仓底层抽出，顶料气缸的活塞杆再返回，松开次下层工件，工件在重力的作用下自动向下移动，为下一次推出工件做好准备。

2）明确供料单元的控制任务

供料单元的控制任务如下。

（1）按下启动按钮，顶料气缸推出，顶住次下层工件，然后推料气缸推出，把工件推到工件台上。

（2）磁性传感器检测到推料气缸全部推出后，推料气缸退回，然后顶料气缸退回。

（3）工件台上的工件被取出后，若没有停止信号，则进行下一次推出工件操作。

（4）若在供料单元工作中按下停止按钮，则供料单元在本工作周期完成后，停止工作。

2. 加工单元的控制要求分析

1）了解加工单元的结构和控制要求

加工单元主要包括工件台（气动手指、手指气缸和连接座）、滑动机构（滑动底板、伸缩气缸和导轨）、加工冲压机构、传感器、PLC 控制器、电气接线端子排组件和电磁阀组等。工件台及滑动机构如图 5-6 所示。

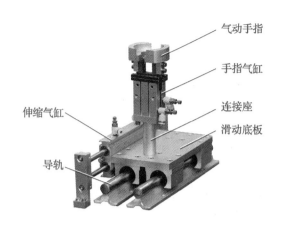

图 5-6　工件台及滑动机构

加工单元控制要求如下。

（1）加工单元的初始状态为伸缩气缸伸出、工件台的气动手指张开。

（2）在传感器检测到工件台上有工件后，PLC控制器驱动气动手指将工件夹紧。

（3）滑动机构的伸缩气缸将工件台上的工件送到加工冲压机构的冲压主轴气缸下方，冲压主轴气缸活塞杆向下伸出并冲压工件，完成冲压动作。

（4）冲压主轴气缸活塞杆向上缩回，滑动机构带动工件台重新返回到初始位置，到位后气动手指松开，完成工件加工并发出工件加工完成信号，为下一次的工件加工做准备。

2）明确加工单元的控制任务

加工单元的控制任务如下。

（1）按下启动按钮，加工单元启动。若工件台有工件，则气动手指将工件夹紧，伸缩气缸缩回，冲压主轴气缸活塞杆向下伸出。

（2）冲压主轴气缸活塞杆在伸出到固定位置后复位，伸缩气缸伸出，气动手指复位。

（3）输送单元取走工件台上的工件之后，加工单元进入下一个工作周期。

（4）若在工作过程中按下停止按钮，则加工单元在完成本次加工后停止工作。

3．装配单元的控制要求分析

1）了解装配单元的结构和控制要求

装配单元主要包括落料机构（料仓、顶料气缸和挡料气缸）、安装机械手（升降气缸、手指气缸和气动手指）、安装台、警示灯等，如图5-7所示。

装配单元的控制要求如下。

（1）输送单元将工件输送至装配单元的安装台。

（2）料仓的传感器检测到工件后，顶料气缸伸出并顶住倒数第二个小工件，挡料气缸缩回，这时，料仓中最底层的小工件落到旋转工件台上。

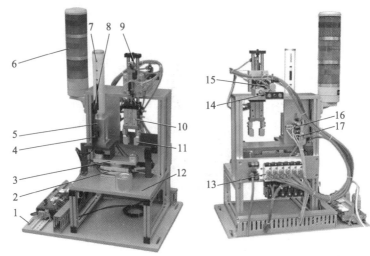

（a）正视图　　　　　　　（b）后视图

1—底板；2—摆动气缸；3—旋转工件台；4、8—光电传感器；5—料仓底座；6—警示灯；
7—料仓；9—升降气缸；10—手指气缸；11—气动手指；12—安装台；13—接线端口；
14—伸缩气缸；15—伸缩导杆；16—顶料气缸；17—挡料气缸。

图 5-7　装配单元的结构

（3）挡料气缸伸出到位，顶料气缸缩回，料仓中所有工件整体向下掉落一层。

（4）旋转工件台按顺时针旋转 180°，将工件旋转到安装机械手下方，安装机械手的升降气缸驱动气动手指向下移动，到位后，手指气缸驱动气动手指夹紧小工件。

（5）升降气缸复位，被夹紧的小工件随手指气缸一并提起，离开料盘，并提升到最高位。

（6）伸缩气缸在与之对应的换向阀的驱动下伸出活塞杆，移动到伸缩气缸前端位置。

（7）升降气缸再次被驱动下移，移动到最下端位置，气动手指松开，小工件落入工件孔内。

（8）升降气缸和伸缩气缸缩回，安装机械手恢复初始状态，为下一个安装循环做好准备。

2）明确装配单元的控制任务

装配单元的控制任务如下。

（1）按下启动按钮，装配单元启动。若料仓有工件，则依次执行顶料气缸伸出、挡料气缸缩回、挡料气缸复位、顶料气缸复位、摆动气缸右旋操作。

（2）若摆动气缸旋转到位，则依次执行升降气缸伸出、手指气缸夹紧、升降气缸复位、伸缩气缸伸出、升降气缸伸出、手指气缸松开、升降气缸复位、伸缩气缸复位操作。

（3）完成装配任务后，安装机械手应返回初始位置，等待下一次装配。

（4）若在工作过程中按下停止按钮，则供料单元应立即停止供料。装配单元在完成此次装配后停止工作。

4．分拣单元的控制要求分析

1）了解分拣单元的结构和控制要求

分拣单元（见图5-8）主要包括传送和分拣机构、传送带驱动机构、电磁阀组和气动元件、底板、端子排组件等。

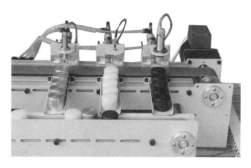

图5-8　分拣单元

分拣单元的控制要求如下。

（1）在装配单元送来的工件放到传送带上后，入料口的漫射式光电传感器检测到工件，则变频器启动、电动机启动、传送带工作、工件进入分拣区。

（2）如果进入分拣区的工件为金属工件，则负责检测金属工件的电感式传感器动作，1号推料气缸根据启动信号伸出，将金属工件推到1号滑槽里。

（3）如果进入分拣区的工件为白色工件，则负责检测白色工件的光纤传感器动作，2号推料气缸根据启动信号伸出，将白色工件推到2号滑槽里。

（4）如果进入分拣区的工件为黑色工件，则负责检测黑色工件的光纤传感器动作，3号推料气缸根据启动信号伸出，将黑色工件推到3号滑槽里。

（5）每当一个工件被推入滑槽里，分拣单元便完成一个工作周期，随即等待下一个工件放到传送带上。

2）明确分拣单元的控制任务

（1）按下启动按钮，分拣单元启动。若检测到入料口有工件，则开始计时，2 s后电动机启动并以固定的频率运行。

（2）当工件经过 1 号推料气缸支架上的电感式传感器时，电感式传感器检测其是否为金属工件：若工件为金属工件，则电感式传感器动作，电动机停止运转，1号推料气缸将金属工件推入1号滑槽；反之，电感式传感器不动作，电动机继续运转。

（3）当工件经过 2 号推料气缸支架上的光纤传感器时，光纤传感器检测其是否为白色工件：若工件为白色工件，则光纤传感器动作，电动机停止运转，2号推料气缸将白色工件推入2号滑槽；若工件为黑色工件，则光纤传感器不动作，电动机继续运转。

（4）当最终剩下的黑色工件经过 3 号推料气缸支架上的光纤传感器时，光纤传感器动作，电动机停止运转，3 号推料气缸将黑色工件推入 3 号滑槽。

（5）在任意工件被推入滑槽后，对射式光电传感器动作，推料气缸复位。

（6）若在运行过程中按下停止按钮，则分拣单元在完成本次分拣后停止工作。

5．输送单元的控制要求分析

1）了解输送单元的结构和控制要求

输送单元主要包括抓取机械手装置（见图 5-9）、直线运动传动组件、电磁阀组、气动元件、伺服电机等。

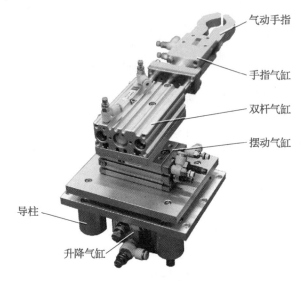

图 5-9　抓取机械手装置

输送单元的控制要求如下。

（1）当供料单元的工件台有工件时，输送单元的抓取机械手装置从供料单元的工件台抓取工件。

（2）抓取工件完成后，伺服电机驱动抓取机械手装置向加工单元移动，抓取机械手装置将工件输送到加工单元的工件台并放下。

（3）放下工件后，手指气缸缩回等待加工完成，抓取机械手装置将加工好的工件输送到装配单元的工件台并放下。

（4）待工件装配完成后，抓取机械手装置抓取装配好的工件，抓取动作与供料单元相同，摆动气缸按逆时针旋转 90°，伺服电机驱动抓取机械手装置将装配好的工件输送到分拣单元，并将工件在分拣单元传送带上方入料口处放下。

（5）放下工件后，抓取机械手装置的双杆气缸缩回，返回原点等待下一个循环动作。

输送单元既可以独立完成输送，也可以与其他单元协同工作。

2）输送单元的控制任务

输送单元的控制任务如下。

（1）按下启动按钮，输送单元启动。抓取机械手装置从供料单元工件台抓取工件，依次执行双杆气缸伸出→气动手指夹紧→升降气缸上升→双杆气缸缩回动作。

（2）抓取动作完成后，伺服电机驱动抓取机械手装置向加工单元移动，移动速度不小于 300 mm/s。

（3）抓取机械手装置移动到加工单元工件台的正前方后，依次执行双杆气缸伸出→升降气缸下降→气动手指松开→双杆气缸缩回动作。

（4）放下工件 2 s 后，抓取机械手装置执行抓取加工单元工件的动作。抓取顺序与供料单元相同。

（5）抓取动作完成后，伺服电机驱动抓取机械手装置移动到装配单元工件台的正前方，执行放下工件的动作，顺序与加工单元相同。

（6）放下工件 2 s 后，抓取机械手装置执行抓取装配单元工件的动作。抓取顺序与供料单元相同。

（7）抓取机械手装置缩回后，旋转工件台按逆时针旋转 90°，伺服电机驱动抓取机械手装置从装配单元向分拣单元输送工件，并执行放下工件的动作，顺序与加工单元相同。

（8）放下工件后，抓取机械手装置缩回，然后执行返回原点的操作。伺服电机驱动抓取机械手装置以 400 mm/s 的速度返回，返回 900 mm 后，摆台按顺时针旋转 90°，然后以 100 mm/s 的速度返回原点停止。

（9）若在工作过程中按下停止按钮，则在抓取机械手装置返回原点后，输送单元停止工作。

拓展进阶

YL-335B 型自动生产线各单元通常会通过指示灯黄灯 HL1、绿灯 HL2、红灯 HL3 来显示工作状态。指示灯的控制要求：若各单元符合启动条件，则 HL1 常亮，否则 HL1 以 1 Hz 的频率闪烁；若各单元处于工作状态，则 HL2 常亮，否则 HL3 常亮。请分析此控制要求。

根据控制要求，可以明确各单元指示灯的控制任务：各单元的指示灯可以进行单独控制，若各单元符合启动条件，则 HL1 常亮，否则 HL1 以 1 Hz 的频率闪烁；当 HL1 常亮，并按下启动按钮时，HL2 常亮；当按下复位按钮时，复位过程中 HL1 以 1 Hz 的频率闪烁，复位完成后 HL1 常亮；当按下停止按钮时，设备进入停机状态，HL3 常亮。各单元的启动条件如下。

（1）供料单元的启动条件为两个气缸均处于缩回位置，且料仓内有足够的工件。

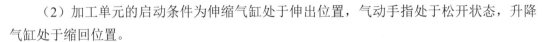

（2）加工单元的启动条件为伸缩气缸处于伸出位置，气动手指处于松开状态，升降气缸处于缩回位置。

（3）装配单元的启动条件为挡料气缸处于伸出状态，顶料气缸处于缩回状态，料仓上已经有足够的小工件，安装机械手的升降气缸处于提升状态，伸缩气缸处于缩回状态，气动手指处于松开状态，安装台上没有待装配的工件。

（4）分拣单元的启动条件为3个气缸均处于缩回位置。

（5）输送单元的启动条件为其他各单元已经就位，并且供料单元的工件台上有工件。

任务二　YL-335B 型自动生产线联网控制

任务引入

YL-335B 型自动生产线的各单元都有一台 PLC，在进行 PLC 编程时，需要将它们进行网络通信。各 PLC 之间通过 RS-485 实现互联，且都采用 FX$_{3U}$-485-BD 通信模块连接。

YL-335B 型自动生产线联网控制的要求：刷新范围为模式 1，重试次数为 3 次，通信超时时间为 50 ms；为输送单元配 4 个按钮 SB1～SB4，它们分别控制其他单元的指示灯 L1～L4；当供料单元、加工单元、装配单元、分拣单元的 D200 值分别等于 50 时，控制输送单元的指示灯 L5～L8 分别点亮；从供料单元读取分拣单元的 D220 值，并将其保存到供料单元的 D220 中。

本任务将先介绍三菱 FX 系列 PLC 的通信类型、N∶N 网络通信的结构、N∶N 网络参数设置、N∶N 网络连接等知识，再进行 YL-335B 型自动生产线联网控制程序设计。

任务工单

请扫描下方的二维码，获取任务工单。根据任务工单，学生可以课前预习相关知识，课后按步骤进行任务实施，提高操作技能。

一、三菱 FX 系列 PLC 的通信类型

三菱 FX 系列 PLC 通信包括 CC-Link 通信、N∶N 网络通信、并行通信、计算机链

接通信、无协议通信、变频器通信、可选编程端口通信等。

（一）CC-Link 通信

CC-Link（control communication link, 控制与通信链路）是一种开放式现场总线，其数据容量大，通信速度范围宽。CC-Link 的一层网络可由 1 个主站点和 64 个从站点组成。主站为 PLC，从站可以是远程 I/O 模块、特殊功能模块、带有 CPU 和 PLC 的本地站、人机界面、变频器、现场仪表等。

 知识链接

现场总线是一种工业数据总线，它主要解决智能化仪器仪表、控制器、执行机构等现场设备间的数字通信，以及这些现场设备和高级控制系统之间的信息传递问题。

（二）N∶N 网络通信

N∶N 网络通信是指三菱 PLC 之间的一种特殊通信方式。它可用于 FX$_{3U}$、FX$_{3UC}$、FX$_{1N}$、FX$_{0N}$ 等系列 PLC 之间的数据传输，且 PLC 的数量不超过 8 个。采用三菱 FX$_{3U}$ 系列 PLC 的 YL-335B 型自动生产线控制系统便通过 N∶N 网络实现了各工作站的通信。

（三）并行通信

并行通信是指一组数据的各数据位在多条线上同时被传输。并行通信是以字或字节为单位并行进行传输的，其传输速度快，但所用的通信线多成本高，且抗干扰能力差，不宜进行远距离通信。

（四）计算机链接通信

计算机链接通信能通过特定的通信协议和接口，将 PLC 与计算机（或其他设备）连接起来，实现它们之间的数据传输。这种通信方式使 PLC 能够接收来自计算机的控制指令，并将设备状态、传感器数据等信息发送给计算机，从而实现对工业自动化系统的远程监控。

（五）无协议通信

无协议通信用来与各种具备 RS-232 通信接口的设备，如个人计算机、条形码阅读器、打印机和各种测量仪表，进行无协议的数据传输。无协议通信可通过串行数据传送指令或一个 FX$_{3U}$-232IF 特殊功能模块来实现。

（六）变频器通信

变频器通信是变频器通过特定的通信接口和协议，与 PLC 进行数据传输和控制的过

程，该通信类型可以实现参数修改、调速、监控等功能。

（七）可选编程端口通信

可选编程端口通信是指将 FX$_{3U}$、FX$_{3UC}$、FX$_{1N}$、FX$_{1S}$ 系列 PLC 的端口连接在 FX$_{1N}$-232-BD、FX$_{0N}$-232-ADP、FX$_{3U}$-422-BD 等通信模块上，从而实现和外围设备（如编程工具、数据访问单元、操作终端等）的通信。

二、N∶N 网络通信的结构

N∶N 网络建立在 RS-485 通信接口上，数据长度、停止位、标题字符、终结字符和校验等是固定的。N∶N 网络是采用广播方式进行通信的，网络中必须以一台 PLC 为主站点，其他 PLC 为从站点，且站点总数不超过 8 个。各 PLC 可以是不同的型号，各种型号的 PLC 可以组合成 3 种模式，即模式 0、模式 1、模式 2。

YL-335B 型自动生产线控制系统中 N∶N 网络通信的配置如图 5-10 所示，站点总数为 5 个，输送单元为主站点，其余单元为从站点。该 N∶N 网络通信使用 FX$_{3U}$-485-BD 通信模块（见图 5-11），最大通信距离为 50 m。

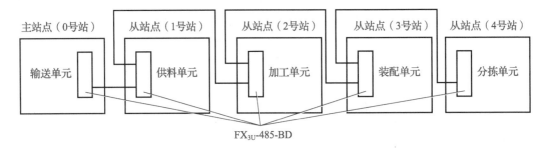

图 5-10　YL-335B 自动生产线控制系统中 N∶N 网络通信的配置

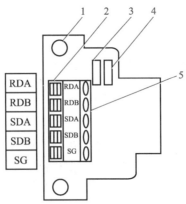

1—安装孔；2—PLC 连接器；3—SD 指示灯，发送数据时闪烁；
4—RD 指示灯，接收数据时闪烁；5—连接 RS-485 通信接口的端子。

图 5-11　FX$_{3U}$-485-BD 通信模块

三、N：N 网络参数设置

组建 N：N 网络时，先进行网络参数设置，再进行网络连接。N：N 网络参数可采用编程方法通过软元件来设置。N：N 网络通信中常用的软元件为特殊辅助继电器和特殊数据寄存器。当 PLC 为 FX$_{1N}$ 或 FX$_{3U(C)}$ 时，N：N 网络通信中使用的特殊辅助继电器如表 5-1 所示，特殊数据寄存器如表 5-2 所示。

表 5-1　N：N 网络通信中使用的特殊辅助继电器

类型	特性	作用	响应类型
M8038	R	用于参数设置	M、L
M8183	R	当主站点通信错误时，其线圈得电	L
M8184～M8190	R	当从站点通信错误时，其线圈得电，分别用于第 1 到第 7 个从站点	M、L
M8191	R	用于数据通信	M、L

注：R—只读；M—主站点；L—从站点。

表 5-2　N：N 网络通信中使用的特殊数据寄存器

类型	特性	作用	响应类型
D8173	R	存储自己的站点号	M、L
D8174	R	存储从站点的总数	M、L
D8175	R	存储刷新范围	M、L
D8176	W	设置自己的站点号	M、L
D8177	W	设置从站点总数（只能为 1～7）	M
D8178	W	设置刷新范围	M
D8179	W/R	设置重试次数	M
D8180	W/R	设置通信超时时间	M
D8201	R	存储当前扫描时间	M、L
D8202	R	存储最大扫描时间	M、L
D8203	R	存储主站点通信错误数目	L
D8204～D8210	R	分别用于存储第 1 到第 7 个从站点的通信错误数目	M、L
D8211	R	存储主站点通信错误代码	L

注：R—只读；W—只写；M—主站点；L—从站点。

知识链接

刷新范围是指主站点与从站点共享的特殊辅助继电器和特殊数据寄存器的范围，由 PLC 模式决定。

扫描时间是指网络每刷新一次所用的时间，单位为 ms。扫描时间与总站点数、PLC 模式的关系，如表 5-3 所示。

表 5-3 扫描时间与总站点数、PLC 模式的关系

总站点数/个	PLC 模式下的扫描时间/ms		
	模式 0	模式 1	模式 2
2	18	22	34
3	26	32	50
4	33	42	66
5	41	52	83
6	49	62	99
7	57	72	115
8	65	82	131

设置 N∶N 网络参数时，对于主站点，可在程序开始的第 0 步、执行条件为常开触点 M8038 后，将相应的参数存放在 D8176～D8180 中。对于从站点，只需要在第 0 步、执行条件为常开触点 M8038 后，将站点号存放在 D8176 中即可。下面对 D8178、D8179、D8180 进行介绍。

（1）D8178 用来设置刷新范围，即指定 PLC 模式（可为模式 0、模式 1 或模式 2）。PLC 模式不同，N∶N 网络占用的软元件也不同。各模式下所占用的软元件如表 5-4、表 5-5、表 5-6 所示。

表 5-4 在模式 0 下所占用的软元件

站点号	软元件	
	M（0 点）	D（4 点）
第 0 号	—	D0～D3
第 1 号	—	D10～D13
第 2 号	—	D20～D23
第 3 号	—	D30～D33
第 4 号	—	D40～D43

表 5-4（续）

站点号	软元件	
	M（0 点）	D（4 点）
第 5 号	—	D50～D53
第 6 号	—	D60～D63
第 7 号	—	D70～D73

表 5-5　在模式 1 下所占用的软元件

站点号	软元件	
	M（32 点）	D（4 点）
第 0 号	M1000～M1031	D0～D3
第 1 号	M1064～M1095	D10～D13
第 2 号	M1128～M1159	D20～D23
第 3 号	M1192～M1223	D30～D33
第 4 号	M1256～M1287	D40～D43
第 5 号	M1320～M1351	D50～D53
第 6 号	M1384～M1415	D60～D63
第 7 号	M1448～M1479	D70～D73

表 5-6　在模式 2 下所占用的软元件

站点号	软元件	
	M（64 点）	D（4 点）
第 0 号	M1000～M1063	D0～D3
第 1 号	M1064～M1127	D10～D13
第 2 号	M1128～M1191	D20～D23
第 3 号	M1192～M1255	D30～D33
第 4 号	M1256～M1319	D40～D43
第 5 号	M1320～M1383	D50～D53
第 6 号	M1384～M1447	D60～D63
第 7 号	M1448～M1511	D70～D73

（2）D8179 用来设置重试次数，范围为 0～10（默认为 3），对于从站点，不需要进行此设置。如果主站点与从站点的通信次数大于或等于重试次数，将发生通信错误。

（3）D8180 用来设置通信超时时间，范围为 5～255（默认为 5），此值乘以 10 ms

就是通信超时时间。

如图 5-12 所示为输送单元（主站点）网络参数设置的梯形图。图中的主站点号设置为 0，从站点的总数设置为 4，刷新范围设置为 1，重试次数设置为 3，通信超时时间为 50 ms。其中，刷新范围设置为 1，表示每一站点占用 32 点 M，4 点 D。在运行中，主站点会将发送到通信网络的开关量数据存入 M1000～M1031 中，而将发送到通信网络的数字量数据存入 D0～D3 中其他各站点依此类推。

图 5-12　输送单元（主站点）网络参数设置的梯形图

从站点的网络参数只需要设置站点号，供料单元（1 号站）网络参数设置的梯形图如图 5-13 所示。

图 5-13　供料单元（1 号站）网络参数设置的梯形图

四、N∶N 网络连接

N∶N 网络的各站点通常用屏蔽双绞线相连，屏蔽双绞线的直径应为 0.404～1.29 mm，否则端子可能接触不良，不能确保正常的通信。连接 N∶N 网络的步骤如下。

（1）将各站点 PLC 分别连接一个通信模块。

（2）将端子 SG 与 PLC 主体的每个端子相连。

（3）将 PLC 主体与 100 Ω 及以下的电阻相连后接地。

（4）屏蔽双绞线的一端连接同一站点的 RDA 和 SDA 端子，然后接入下一站点的 RDA 和 SDA 端子。

（5）屏蔽双绞线的另一端连接同一站点的 RDB 和 SDB 端子，然后接入下一站点的 RDB 和 SDB 端子。

（6）主站点和最后一个从站点的 RDA 和 RDB 端子之间连接 100 Ω 及以下的电阻。

YL-335B 型自动生产线控制系统 N∶N 网络的连接如图 5-14 所示，RDA 和 RDB 端子用来接收数据，SDA 和 SDB 端子用来发送数据。

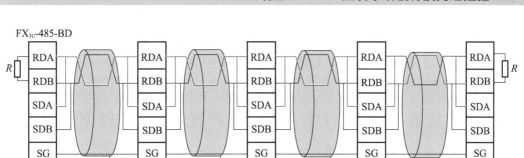

图 5-14　YL-335B 型自动生产线控制系统 N：N 网络的连接

 经验传承

　　连接 N：N 网络前，应断开电源。连线时宜用压接工具把屏蔽双绞线插入端子，如果连接不稳定，则通信会出现错误。

　　若各站点 PLC 已完成 N：N 网络参数设置，则在完成网络连接后，再接通各 PLC 的工作电源。若各站点通信模块上的 SD 指示灯和 RD 指示灯都闪烁，则说明 N：N 网络已经组建成功。如果 RD 指示灯处于闪烁状态，而 SD 指示灯不亮，则应检查站点号的设置、传输速率和从站点的总数。

笔记

任务分析

　　在掌握了三菱 FX 系列 PLC 的通信类型、N：N 网络通信的结构、N：N 网络参数设置、N：N 网络连接等知识后，开始进行 YL-335B 型自动生产线的联网控制程序设计。

　　YL-335B 型自动生产线的联网控制程序通常以输送单元为主站点，站点号为 0；以供料单元、加工单元、装配单元、分拣单元为从站点，站点号分别为 1、2、3、4；在设置网络参数时，D8176～D8180 可分别设置为 0、4、1、3、5。YL-335B 型自动生产线联网控制程序的工作过程如下。

　　（1）按下 SB1，L1 点亮；按下 SB2，L2 点亮；按下 SB3，L3 点亮；按下 SB4，L4 点亮。

　　（2）当 1 号站～4 号站的 D200 值为 50 时，对应 L5～L8 分别点亮。

　　（3）从 1 号站读取 4 号站的 D220 值，并将其保存到 1 号站的 D220 中。

　　完成该任务的主要步骤如下。

　　（1）根据 YL-335B 型自动生产线联网控制的工作过程，进行程序编写。

（2）对编写好的程序进行仿真调试。

（3）将程序下载到 PLC 中，按照 I/O 接线图进行接线，改变 SB1～SB4 的状态，观察指示灯的点亮、熄灭。

 任务实施——YL-335B 型自动生产线联网控制程序设计

1．程序编写

分析完任务后，首先使用梯形图进行程序编写。

（1）按照 YL-335B 型自动生产线联网控制的工作过程分配 I/O 端子，如表 5-7 所示。

表 5-7　YL-335B 型自动生产线联网控制的 I/O 端子分配表

输入			输出		
元件代号	作用	输入端子	元件代号	作用	输出端子
SB1	控制 L1 的点亮、熄灭	0 号站 X1	L1	显示 0 号站与 1 号站是否联网成功	1 号站 Y0
SB2	控制 L2 的点亮、熄灭	0 号站 X2	L2	显示 0 号站与 2 号站是否联网成功	2 号站 Y0
SB3	控制 L3 的点亮、熄灭	0 号站 X3	L3	显示 0 号站与 3 号站是否联网成功	3 号站 Y0
SB4	控制 L4 的点亮、熄灭	0 号站 X4	L4	显示 0 号站与 4 号站是否联网成功	4 号站 Y0
			L5～L8	判断 1 号站～4 号站的 D200 值是否为 50	0 号站 Y1～Y4

（2）按照表 5-7 绘制 YL-335B 型自动生产线联网控制的 I/O 接线图。0 号站的 I/O 接线图如图 5-15 所示，1 号站～4 号站的 I/O 接线图只有输出端子 Y0 连接一个指示灯，这里不再介绍。

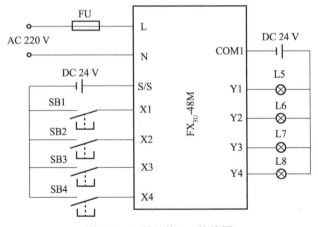

图 5-15　0 号站的 I/O 接线图

（3）根据控制要求，在编程软件中设计 YL-335B 型自动生产线联网控制的梯形图，0 号站和 1 号站的梯形图如图 5-16 所示。

（a）0 号站的梯形图

（b）1 号站的梯形图

图 5-16　YL-335B 型自动生产线联网控制的梯形图

2. 程序仿真调试

编写好程序后，需要对其进行仿真调试。

（1）将程序从编程软件下载到仿真软件中。

（2）对 0 号站的程序进行仿真调试。先改变常开触点 M8038 的状态，观察各数据寄存器中的值是否正确；再依次将 D10、D20、D30、D40 改为 K50，观察线圈 Y001～Y004 是否依次得电，判断程序是否符合控制要求。

（3）对 1 号站～4 号站的程序进行仿真调试。这里需要手动闭合常开触点 M1001，观察线圈 Y000 是否得电。

（4）若程序符合控制要求，则表明程序正确，保存程序即可；若程序不符合控制要求，则应仔细分析，找出原因，重新修改程序，直到程序符合控制要求。

YL-335B 型自动生产线联网控制的程序仿真结果应如图 5-17 所示。

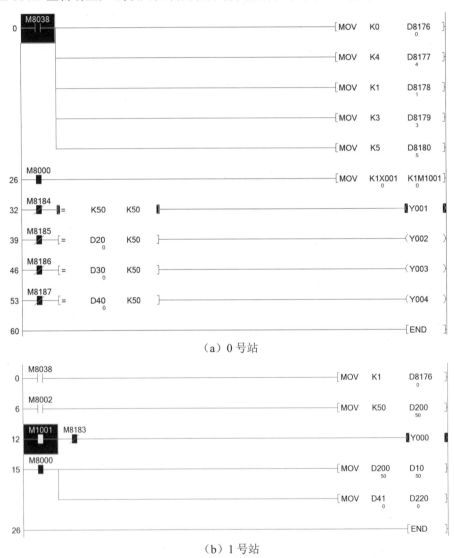

图 5-17   YL-335B 型自动生产线联网控制的程序仿真结果

3. 程序运行

调试好程序后，将其下载到 PLC 上，运行程序并实现 YL-335B 型自动生产线联网控制。

（1）根据图 5-15 进行 I/O 接线，然后根据连接 N∶N 网络的步骤进行接线，并检查有无短路及断路现象。

（2）将运行模式选择开关置于 RUN 位置，使 PLC 进入运行模式。

（3）改变 SB1～SB4 的状态，观察各指示灯是否按控制要求点亮和熄灭。结果显示该程序能实现 YL-335B 型自动生产线联网控制。

拓展进阶

现要完成 3 台天塔之光联网控制程序设计，其控制要求：用 FX$_{3U}$-485-BD 通信模块进行连接，0 号站为主站点，1 号站、2 号站为从站点；各站点分别设有启动按钮 SB1、SB3 和 SB5，停止按钮 SB2、SB4、SB6；各站点都配有天塔之光 L1、L2、L3，L2、L3、L1 按顺序每隔 10 s 点亮。天塔之光如图 5-18 所示，各天塔之光上都有 10 个 LED，它们同时点亮，同时熄灭。

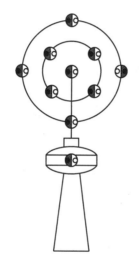

图 5-18　天塔之光

（1）拓展任务分析。3 台天塔之光联网控制的工作过程：按下任一启动按钮，1 号站 L2 点亮，10 s 后，2 号站 L3 点亮，再过 10 s，0 号站 L1 点亮；按下任一停止按钮，各站点的天塔之光均熄灭。

（2）按照 3 台天塔之光联网控制的工作过程分配 I/O 端子，如表 5-8 所示。

表 5-8　3 台天塔之光联网控制的 I/O 端子分配表

输入			输出		
元件代号	作用	输入端子	元件代号	作用	输出端子
SB1	启动 0 号站天塔之光	0 号站 X0	L1	表示 0 号站天塔之光	0 号站 Y0
SB2	使 0 号站天塔之光停止	0 号站 X1	L2	表示 1 号站天塔之光	1 号站 Y0
SB3	启动 1 号站天塔之光	1 号站 X0	L3	表示 2 号站天塔之光	2 号站 Y0

表 5-8（续）

输入			输出		
元件代号	作用	输入端子	元件代号	作用	输出端子
SB4	使 1 号站天塔之光停止	1 号站 X1			
SB5	启动 2 号站天塔之光	2 号站 X0			
SB6	使 2 号站天塔之光停止	2 号站 X1			

（3）按照表 5-8 绘制 3 台天塔之光联网控制的 I/O 接线图，0 号站的 I/O 接线图如图 5-19 所示，1 号站和 2 号站的 I/O 接线图与 0 号站类似，这里不再赘述。

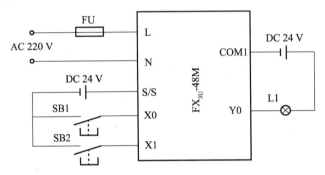

图 5-19　0 号站的 I/O 接线图

（4）根据控制要求，在编程软件中设计 3 台天塔之光联网控制的梯形图，如图 5-20 所示。

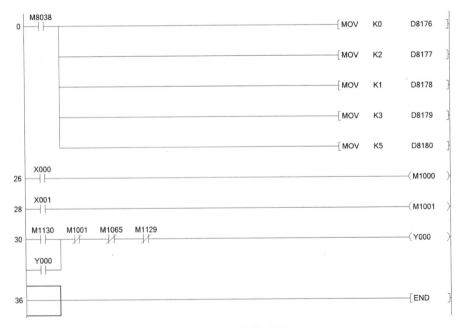

（a）0 号站的梯形图

（b）1号站的梯形图

（c）2号站的梯形图

图5-20 3台天塔之光联网控制的梯形图

柴立丰：妙手回春的"机械医生"

柴立丰是卧龙电驱集团（以下简称卧龙）电气运维工、高级技师，他干一行、爱一行、精一行，从设备调试员做起，到高级技师，再到行业专家，逐步成长为妙手回春的"机械医生"。他也因此获得绍兴工匠、全国五一劳动奖章等荣誉称号。

从最早的单机化自动线，再到如今的"未来工厂"生产线，柴立丰靠的是永不停止的学习与实践，上培训课、看机械电子工程书、咨询设备专家、反复测试并排除故障……2019 年，卧龙启动数字化"未来工厂"建设，柴立丰带领团队全程参与了项目建设，从设备进场、安装、调试、试运行到投产，实现了高度的自动化和深度的信息化。机器人配合模块化单机、一键式生产配方导入、模块化单机切换产线柔性生产等技术难题一个接一个得到攻破。

"设备数据的调试是一个不断精细的过程，需要耐心和细心，容不得半点马虎。"柴立丰说。2020 年 9 月，卧龙第一家"未来工厂"建成投产，较传统车间总体生产效率提升 79%，生产运营成本降低 33.5%，能源利用率提升 16.7%。2022 年，在卧龙第二家"未来工厂"项目升级过程中，柴立丰团队再次改善 10 余项生产工艺，生产效率再次提升。

多年来，柴立丰凭借过硬的技术，对公司设备的改进和革新提出了很多合理化的建议，为公司取得了可观的经济效益。

柴立丰说："站在新起点，我们将继续发扬'敬业、精益、专注、创新'的工匠精神，着眼当下，放眼未来，用我们的智慧和勤劳推进卧龙数字化迈向纵深蓝海。也只有坚持创新驱动，敢为人先立潮头，才能克服技术上的一个又一个难题。"

（资料来源：叶和土、丁时盼，《柴立丰：妙手回春的"机械医生"》，

中工网，2023 年 9 月 12 日）

项目考核

1. 填空题

（1）通常，I/O 点数是根据控制对象的输入、输出信号的实际需要，再加上_____的余量来确定的。

（2）YL-335B 型自动生产线由_____、_____、_____、_____和_____5 个单元组成。

（3）D8180 用来设置通信超时时间，范围为 5～255（默认为 5），此值乘以_____就是通信超时的持续驻留时间。

（4）N∶N 网络通信可用于 FX$_{3U}$、FX$_{3UC}$、FX$_{1N}$、FX$_{0N}$ 等系列 PLC 之间的数据传输，且 PLC 的数量不超过_____个。

（5）PLC 控制系统设计的一般步骤包括_____、_____、_____、_____。

2．选择题

（1）（　　）是开发 PLC 控制系统的主要依据，所以必须详细分析、认真研究。

　　A．工作过程　　　　B．控制要求　　　　C．梯形图　　　　D．电气原理图

（2）不同开关量 I/O 模块的（　　）不同。

　　A．电压等级　　　　B．电流等级　　　　C．电阻等级　　　　D．流量等级

（3）N∶N 网络建立在（　　）通信接口上，网络中必须以一台 PLC 为主站点，其他 PLC 为从站点。

　　A．RS-323　　　　B．RS-422　　　　C．RS-232　　　　D．RS-485

（4）当进行 N∶N 网络参数设置时，特殊数据寄存器（　　）用来设置刷新范围。

　　A．D8176　　　　B．D8177　　　　C．D8178　　　　D．D8179

（5）YL-335B 型自动生产线控制系统 N∶N 网络通信使用 FX_{3U}-485-BD 通信模块，最大通信距离为（　　）m。

　　A．50　　　　B．100　　　　C．20　　　　D．60

3．设计分析题

现有 3 个天塔之光，每个天塔之光都有 10 个 LED（L1～L10）、一个启动按钮和一个停止按钮，其控制要求如下。

（1）3 个天塔之光分别为 0 号站（主站点）、1 号站（从站点）、2 号站（从站点）。

（2）按下任一启动按钮，3 个天塔之光按以下顺序每隔 5 s 显示：1 号站 L1 点亮；1 号站 L2、L3、L4、L5 点亮；1 号站 L6、L7、L8、L9、L10 点亮；2 号站 L1 点亮；2 号站 L2、L3、L4、L5 点亮；2 号站 L6、L7、L8、L9、L10 点亮；0 号站 L1 点亮；0 号站 L2、L3、L4、L5 点亮；0 号站 L6、L7、L8、L9、L10 点亮。

（3）按下任一停止按钮，3 个天塔之光均熄灭。

按以上控制要求编写梯形图。

项目评价

指导教师根据学生的实际学习成果进行评价，学生配合指导教师共同完成学习成果评价表，如表 5-9 所示。

表 5-9　学习成果评价表

班级		组号		日期	
姓名		学号		指导教师	
评价项目	评价内容			满分/分	评分/分
知识（40%）	PLC 控制系统的控制要求分析			5	
	PLC 控制系统的硬件设计			5	
	PLC 控制系统的软件设计			5	
	PLC 控制系统的调试			5	
	三菱 FX 系列 PLC 的通信类型			5	
	N：N 网络通信的结构			5	
	N：N 网络参数设置			5	
	N：N 网络连接			5	
技能（40%）	能够完成 YL-335B 型自动生产线的控制要求分析			10	
	能够完成 YL-335B 型自动生产线指示灯的控制要求分析			10	
	能够完成 YL-335B 型自动生产线联网控制程序设计			10	
	能够完成 3 台天塔之光联网控制程序设计			10	
素质（20%）	积极参加教学活动，主动学习、思考、讨论			5	
	认真负责，按时完成学习、训练任务			5	
	团结协作，与组员之间密切配合			5	
	服从指挥，遵守课堂纪律			5	
合计				100	
自我评价					
指导教师评价					

附录　PLC 功能指令一览表

类别	编号	助记符	功能	类别	编号	助记符	功能
程序流程指令	FNC00	CJ	条件跳转		FNC19	BIN	BCD 码→二进制数的转换
	FNC01	CALL	子程序调用	四则和逻辑运算指令	FNC20	ADD	二进制数加法运算
	FNC02	SRET	子程序返回		FNC21	SUB	二进制数减法运算
	FNC03	IRET	中断返回		FNC22	MUL	二进制数乘法运算
	FNC04	EI	允许中断		FNC23	DIV	二进制数除法运算
	FNC05	DI	禁止中断		FNC24	INC	二进制数加 1
	FNC06	FEND	主程序结束		FNC25	DEC	二进制数减 1
	FNC07	WDT	监视定时器刷新		FNC26	WAND	逻辑与
	FNC08	FOR	循环范围的开始		FNC27	WOR	逻辑或
	FNC09	NEXT	循环范围的结束		FNC28	WXOR	逻辑异或
传送和比较指令	FNC10	CMP	比较		FNC29	NEG	求二进制补码
	FNC11	ZCP	区间比较	循环和移位指令	FNC30	ROR	循环右移
	FNC12	MOV	传送		FNC31	ROL	循环左移
	FNC13	SMOV	位传送		FNC32	RCR	带进位循环右移
	FNC14	CML	反转传送		FNC33	RCL	带进位循环左移
	FNC15	BMOV	块传送		FNC34	SFTR	位右移
	FNC16	FMOV	多点传送		FNC35	SFTL	位左移
	FNC17	XCH	交换		FNC36	WSFR	字右移
	FNC18	BCD	二进制数→BCD 码的转换		FNC37	WSFL	字左移

表（续）

类别	编号	助记符	功能	类别	编号	助记符	功能
循环和移位指令	FNC38	SFWR	移位写入（先入先出/先入后出控制用）	高速处理指令	FNC58	PWM	脉宽调制
	FNC39	SFRD	移位读出（先入先出控制用）		FNC59	PLSR	带加减速的脉冲输出
数据处理指令	FNC40	ZRST	区间复位	方便指令	FNC60	IST	状态初始化
	FNC41	DECO	译码		FNC61	SER	数据检索
	FNC42	ENCO	编码		FNC62	ABSD	凸轮顺控（绝对方式）
	FNC43	SUM	统计 ON 位数		FNC63	INCD	凸轮顺控（相对方式）
	FNC44	BON	判定 ON 位		FNC64	TTMR	示教定时器
	FNC45	MEAN	求平均值		FNC65	STMR	特殊定时器
	FNC46	ANS	信号报警器置位		FNC66	ALT	交替输出
	FNC47	ANR	信号报警器复位		FNC67	RAMP	斜坡信号
	FNC48	SQR	二进制数开方运算		FNC68	ROTC	旋转工作台控制
	FNC49	FLT	二进制数整数→二进制浮点数的转换		FNC69	SORT	数据排序
高速处理指令	FNC50	REF	输入输出刷新	外部设备 I/O 指令	FNC70	TKY	数字键输入
	FNC51	REFF	输入刷新（带滤波器设定）		FNC71	HKY	十六进制数字键输入
	FNC52	MTR	矩阵输入		FNC72	DSW	数字开关
	FNC53	HSCS	比较置位（高速计数器用）		FNC73	SEGD	七段码译码
	FNC54	HSCR	比较复位（高速计数器用）		FNC74	SEGL	七段码时分显示
	FNC55	HSZ	区间比较（高速计数器用）		FNC75	ARWS	箭头开关
	FNC56	SPD	脉冲密度		FNC76	ASC	ASCII 码输入
	FNC57	PLSY	脉冲输出		FNC77	PR	ASCII 码打印

表（续）

类别	编号	助记符	功能	类别	编号	助记符	功能
外部设备 I/O 指令	FNC78	FROM	BFM 的读出	浮点数运算指令	FNC116	ESTR	二进制浮点数→字符串的转换
	FNC79	TO	BFM 的写入		FNC117	EVAL	字符串→二进制浮点数的转换
外部设备（选件设备）指令	FNC80	RS	串行数据传送		FNC118	EBCD	二进制浮点数→十进制浮点数的转换
	FNC81	PRUN	八进制位传送		FNC119	EBIN	十进制浮点数→二进制浮点数的转换
	FNC82	ASCI	十六进制数→ASCII 码的转换		FNC120	EADD	二进制浮点数加法运算
	FNC83	HEX	ASCII 码→十六进制数的转换		FNC121	ESUB	二进制浮点数减法运算
	FNC84	CCD	校验		FNC122	EMUL	二进制浮点数乘法运算
	FNC85	VRRD	电位器读出		FNC123	EDIV	二进制浮点数除法运算
	FNC86	VRSC	电位器刻度		FNC124	EXP	二进制浮点数指数运算
	FNC87	RS2	串行数据传送 2		FNC125	LOGE	二进制浮点数自然对数运算
	FNC88	PID	PID 运算		FNC126	LOG10	二进制浮点数常用对数运算
数据传送指令 2	FNC102	ZPUSH	变址寄存器的成批保存		FNC127	ESQR	二进制浮点数开方运算
	FNC103	ZPOP	变址寄存器的恢复		FNC128	ENEG	二进制浮点数符号翻转
浮点数运算指令	FNC110	ECMP	二进制浮点数比较		FNC129	INT	二进制浮点数→二进制整数的转换
	FNC111	EZCP	二进制浮点数区间比较		FNC130	SIN	二进制浮点数 SIN 运算
	FNC112	EMOV	二进制浮点数数据传送		FNC131	COS	二进制浮点数 COS 运算

表（续）

类别	编号	助记符	功能	类别	编号	助记符	功能
浮点数运算指令	FNC132	TAN	二进制浮点数 TAN 运算	定位指令	FNC156	ZRN	原点回归
	FNC133	ASIN	二进制浮点数 SIN^{-1} 运算		FNC157	PLSV	可变速脉冲输出
	FNC134	ACOS	二进制浮点数 COS^{-1} 运算		FNC158	DRVI	相对定位
	FNC135	ATAN	二进制浮点数 TAN^{-1} 运算		FNC159	DRVA	绝对定位
	FNC136	RAD	二进制浮点数角度→弧度的转换	时钟运算指令	FNC160	TCMP	时钟数据比较
	FNC137	DEG	二进制浮点数弧度→角度的转换		FNC161	TZCP	时钟数据区间比较
数据处理指令 2	FNC140	WSUM	算出数据合计值		FNC162	TADD	时钟数据加法运算
	FNC141	WTOB	字节单位的数据分离		FNC163	TSUB	时钟数据减法运算
	FNC142	BTOW	字节单位的数据结合		FNC164	HTOS	时、分、秒数据的秒转换
	FNC143	UNI	16 位数据的 4 位结合		FNC165	STOH	秒数据的转换
	FNC144	DIS	16 位数据的 4 位分离		FNC166	TRD	读出时钟数据
	FNC147	SWAP	高低字节互换		FNC167	TWR	写入时钟数据
	FNC149	SORT2	数据排序 2		FNC169	HOUR	计时表
定位指令	FNC150	DSZR	带 DOG 搜索的原点回归	外部设备指令	FNC170	GRY	格雷码的转换
	FNC151	DVIT	中断定位		FNC171	GBIN	格雷码的逆转换
	FNC152	TBL	表格设定定位		FNC176	RD3A	模拟量模块的读出
	FNC155	ABS	读出 ABS 当前值		FNC177	WR3A	模拟量模块的写入

表（续）

类别	编号	助记符	功能	类别	编号	助记符	功能
扩展功能指令	FNC180	EXTR	扩展 ROM 功能（FX2N/FX2NC 用）		FNC203	LEN	检测出字符串的长度
其他指令	FNC182	COMRD	读出软元件的注释数据		FNC204	RIGHT	从字符串的右侧开始取出
	FNC184	RND	产生随机数	字符串控制指令	FNC205	LEFT	从字符串的左侧开始取出
	FNC186	DUTY	产生定时脉冲		FNC206	MIDR	从字符串中任意取出
	FNC188	CRC	CRC 运算		FNC207	MIDW	从字符串中任意替换
	FNC189	HCMOV	高速计数器传送		FNC208	INSTR	字符串的检索
数据块处理指令	FNC192	BK +	数据块的加法运算		FNC209	$MOV	字符串的传送
	FNC193	BK −	数据块的减法运算		FNC210	FDEL	数据表的数据删除
	FNC194	BKCMP =	数据块比较 [S1.] = [S2.]		FNC211	FINS	数据表的数据插入
	FNC195	BKCMP >	数据块比较 [S1.] > [S2.]	数据处理指令 3	FNC212	POP	后入的数据读取（先入后出控制用）
	FNC196	BKCMP <	数据块比较 [S1.] < [S2.]		FNC213	SFR	16 位数据 n 位右移（带进位）
	FNC197	BKCMP < >	数据块比较 [S1.] ≠ [S2.]		FNC214	SFL	16 位数据 n 位左移（带进位）
	FNC198	BKCMP <=	数据块比较 [S1.] ≤ [S2.]		FNC224	LD =	触点比较 LD [S1.] = [S2.]
	FNC199	BKCMP >=	数据块比较 [S1.] ≥ [S2.]		FNC225	LD >	触点比较 LD [S1.] > [S2.]
字符串控制指令	FNC200	STR	二进制数→字符串的转换	触点比较指令	FNC226	LD <	触点比较 LD [S1.] < [S2.]
	FNC201	VAL	字符串→二进制数的转换		FNC228	LD < >	触点比较 LD [S1.] ≠ [S2.]
	FNC202	$ +	字符串的结合		FNC229	LD <=	触点比较 LD [S1.] ≤ [S2.]

表（续）

类别	编号	助记符	功能	类别	编号	助记符	功能
触点比较指令	FNC230	LD >=	触点比较 LD [S1.] ≥ [S2.]	数据表处理指令	FNC259	SCL	定坐标（不同点坐标数据）
	FNC232	AND =	触点比较 AND [S1.] = [S2.]		FNC260	DABIN	ASCII 码→二进制数的转换
	FNC233	AND >	触点比较 AND [S1.] > [S2.]		FNC261	BINDA	二进制数→ASCII 码的转换
	FNC234	AND <	触点比较 AND [S1.] < [S2.]		FNC269	SCL2	定坐标 2（X/Y 坐标数据）
	FNC236	AND < >	触点比较 AND [S1.] ≠ [S2.]	外部设备通信指令	FNC270	IVCK	变换器的运转监视
	FNC237	AND <=	触点比较 AND [S1.] ≤ [S2.]		FNC271	IVDR	变频器的运行控制
	FNC238	AND >=	触点比较 AND [S1.] ≥ [S2.]		FNC272	IVRD	读取变频器的参数
	FNC240	OR =	触点比较 OR [S1.] = [S2.]		FNC273	IVWR	写入变频器的参数
	FNC241	OR >	触点比较 OR [S1.] > [S2.]		FNC274	IVBWR	成批写入变频器的参数
	FNC242	OR <	触点比较 OR [S1.] < [S2.]		FNC275	IVMC	变频器的多个命令
	FNC244	OR < >	触点比较 OR [S1.] ≠ [S2.]		FNC276	ADPRW	MODBUS 读出和写入
	FNC245	OR <=	触点比较 OR [S1.] ≤ [S2.]	数据传送指令 3	FNC278	RBFM	BFM 分割读出
	FNC246	OR >=	触点比较 OR [S1.] ≥ [S2.]		FNC279	WBFM	BFM 分割写入
数据表处理指令	FNC256	LIMIT	上下限限位控制	高速处理指令 2	FNC280	HSCT	高速计数器表比较
	FNC257	BAND	死区控制	扩展文件寄存器控制指令	FNC290	LOADR	读出扩展文件寄存器
	FNC258	ZONE	区域控制		FNC291	SAVER	成批写入扩展文件寄存器

表（续）

类别	编号	助记符	功能	类别	编号	助记符	功能
扩展文件寄存器控制指令	FNC292	INITR	扩展寄存器的初始化	FX₃U-CF-ADP 用应用指令	FNC301	FLDEL	文件的删除和 CF 卡格式化
	FNC293	LOGR	登录到扩展寄存器		FNC302	FLWR	写入数据
	FNC294	RWER	扩展文件寄存器的删除、写入		FNC303	FLRD	数据读出
	FNC295	INITER	扩展文件寄存器的初始化		FNC304	FLCMD	对 FX₃U-CF-ADP 的动作指示
FX₃U-CF-ADP 用应用指令	FNC300	FLCRT	文件的制作和确认		FNC305	FLSTRD	FX₃U-CF-ADP 的状态读出

参考文献

［1］周建清. PLC 应用技术 ［M］. 3 版. 北京：机械工业出版社，2023.

［2］罗庚兴. PLC 应用技术（FX3U 系列）项目化教程 ［M］. 2 版. 北京：化学工业出版社，2023.

［3］王烈准. FX3U 系列 PLC 应用技术项目教程 ［M］. 北京：机械工业出版社，2021.

［4］陈乾. 三菱 FX3UPLC 应用技术 ［M］. 北京：机械工业出版社，2021.

［5］乡碧云. 自动化生产线组建与调试：以亚龙 YL-335B 为例：三菱 PLC 版本 ［M］. 2 版. 北京：电子工业出版社，2018.